Fadhil N. Alkanany
Rasha M. Othman

Clonagem de genes de degradação do óleo

Fadhil N. Alkanany
Rasha M. Othman

Clonagem de genes de degradação do óleo

Clonagem do gene alkBde Pseudomonas aeruginosa associado à biodegradação de hidrocarbonetos

ScienciaScripts

Conteúdo

Resumo

O estudo foi realizado com o objetivo de construir uma nova bactéria clonada com um sistema de expressão eficiente para melhorar a sua capacidade de degradação do óleo nas áreas poluentes. Para atingir este objetivo, foram selecionadas cinco estações contaminadas por petróleo associadas a indústrias de produção petrolífera para isolar e identificar bactérias indígenas degradadoras de petróleo, a árvore filogenética vizinha foi adaptada para estudar a relação entre estas bactérias degradadoras de petróleo isoladas, bem como a identificação da comunidade bacteriana dominante nestas áreas. No presente estudo, foi utilizada a técnica de cultura de enriquecimento utilizando o meio de Bushnell e Haas suportado com petróleo bruto como única fonte de carbono para isolar os microrganismos desejados. Dependendo dos testes bioquímicos, bem como do gene que codifica o 16S rRNA, 17 isolados bacterianos foram identificados e caracterizados de acordo com as abordagens genotípicas. O gene que codifica o 16S rRNA foi utilizado porque é conservador ao longo das gerações. Os géneros identificados com sucesso foram *Acinetobacter radioresistens*, *Pseudomonas oryzihabitans*, *Aeromonas hydrophila*, *Pseudomonas putida*, *Micrococcus luteus*, *Pseudomonas aeruginosa*, *Pseudomonas guariconensis*, *Achromobacter xylosoxidans*, *Enterobacter sp*, *Klebsiella* sp., *Staphylococcus* sp., *Bacillus foraminis*, *Exiguobacterium* sp., *Bacillus firmus*, *Brevibacillus brevis*, *Stenotrophomonas* sp. *e Pseudomonas* sp. A percentagem de identidade do BLAST era muito próxima [mais de 99% de todos os géneros válidos comunicados, exceto *Bacillus foraminis* (96,77%) e *Pseudomonas* sp. (93,88%)] e todas as sequências analisadas tinham um valor esperado (E) de 0,0, o que significa que as correspondências eram significativas. Foi concebido e utilizado um iniciador específico para amplificar o gene *alkB* das bactérias degradadoras de hidrocarbonetos identificadas, tendo sido detectado um tamanho de banda de aproximadamente 1206 pb do gene *alkB* relacionado com o ADN cromossómico de *Pseudomonas aeruginosa*, o qual foi comprovado por análise da sequência e do alinhamento com a base de dados NCBI. A estratégia de cura do plasmídeo foi adaptada para confirmar que a *Pseudomonas aeruginosa* transporta o seu próprio gene *alkB* [I] no ADN cromossómico. O gene *alkB* foi inserido no vetor de plasmídeo pET-21a(+) como vetor de expressão, depois transformado em *E. coli* competente BL21(DE3) e confirmado pela técnica de PCR de colónia utilizando os iniciadores do promotor T7 e do terminador T7. A expressão do gene inserido foi verificada através da determinação da concentração da proteína *alkB* durante vários períodos pelo método do ensaio de Bradford e o método de eletroforese em gel de poliacrilamida SDS revelou uma banda de peso molecular de -46 KD da proteína em causa.

Como aplicação laboratorial para o presente estudo, o n-hexadecano foi selecionado como modelo de um substrato de n-alcanos para estudar a contribuição da *E.coli* BL21(DE3) pET-21a(+)(*alkB*) clonada no aumento da eficiência da biodegradação de hidrocarbonetos n-alcanos, o rácio de biodegradação foi aumentado de 32,63% para 77,42% num período de incubação de 72 horas, de modo que a melhoria na percentagem de degradação foi de cerca de 44,8%.

A estratégia de amplificação e clonagem de genes foi simulada e definida antes da parte prática do estudo pelo software SnapGene, e este é o primeiro estudo realizado no Iraque para introduzir bactérias clonadas que facilitam o primeiro passo (passo-chave) da biodegradação do n-alcano e propor uma estratégia adequada para construir microrganismos geneticamente modificados com múltiplos plasmídeos recombinantes para melhorar a degradação da fração n-alcano do hidrocarboneto.

Introdução
e
revisão da literatura

Capítulo 1

1.1. Introdução

O Iraque é um dos principais produtores de petróleo. Em consequência desta elevada produção, a probabilidade de acidentes como o derrame de petróleo e a poluição ambiental torna-se evidente, nomeadamente no que respeita à possível poluição do solo e das fontes de água subterrâneas.

As necessidades humanas de produtos petroquímicos como a gasolina, o gasóleo, o gás natural e asfaltos conduzem a uma contaminação grave e arriscada de vários locais ambientais com produtos petrolíferos. Os hidrocarbonetos petrolíferos são compostos por uma variedade de porções de alifáticos curtos, médios e longos (ou seja, alcanos e alcenos), aromáticos (ou seja, benzeno, tolueno, etilbenzeno e xileno; conhecidos como BTEX) e também hidrocarbonetos aromáticos policíclicos PAH.

Os hidrocarbonetos têm efeitos nocivos para a saúde pública e o ambiente, pelo que muitos projectos de bioremediação destes poluentes petrolíferos têm merecido uma atenção considerável. A bioremediação pode ser descrita como a transformação de componentes químicos em energia celular, biomassa e resíduos naturais através da ação de formas de vida, especialmente micróbios (Rahman *et al.*, 2002).

Cerca de 20-50% da composição do petróleo bruto são alcanos, os alcanos, são produzidos por organismos vivos como um produto residual, elementos estruturais, também estes compostos actuam como quimioatractores ou elementos de mecanismos de defesa (Van Beilen *et al.*, 2003). É importante estudar os hidrocarbonetos de petróleo no ambiente devido a:

1. Perigos de incêndio/explosão devido à sua volatilidade.

2. Existem numerosas provas de efeitos mutagénicos nas células bacterianas e de problemas cancerígenos nas células animais relacionados com os hidrocarbonetos petrolíferos, nomeadamente os efeitos altamente tóxicos dos HAP e dos alcanos (n-C9 a n-C14) para as plantas (Frick *et al.*, 1999).

3. A mobilidade dos hidrocarbonetos leves devido ao transporte nas águas subterrâneas ou no ar a partir do seu ponto de libertação pode ser afetada nas áreas circundantes.

4. A sua persistência no ambiente (Andria, 2008).

5. A sua interferência na água e na transmissão, bem como nos nutrientes do solo (Ian e Lorne, 2008).

Muitos métodos foram utilizados para remover os hidrocarbonetos e devolver a qualidade original dos campos de solo poluído, como processos físicos e químicos. O uso de microrganismos capazes de degradar compostos tóxicos pelo processo de biorremediação pode participar da recuperação de solos contaminados (Bento *et al.*, 2005).

A biodegradação dos hidrocarbonetos pelos microrganismos é o melhor de todos os outros mecanismos, como os métodos de tratamento químico ou congénito, porque os micróbios aumentam as suas populações utilizando o material residual como substrato para decompor os produtos de hidrocarbonetos em produtos ecológicos, como H_2O e CO_2 (Toledo *et al.*, 2006).

A composição genética do organismo reflecte, em última análise, a capacidade do microrganismo para degradar compostos orgânicos em resultado da ação das enzimas envolvidas no metabolismo. A informação genética nas bactérias, tal como em todos os organismos, é armazenada sob a forma de ADN. Esta informação existe nas células bacterianas sob duas formas: o cromossoma, uma única cadeia dupla de ADN circular e altamente dobrada, e os plasmídeos, um ADN extra-cromossómico (Zylstra e Gibson, 1991).

A remoção do plasmídeo mostrou ser um pouco diminuída na eficiência de biodegradação (Isiodu *et al.*, 2016), e este estudo não gerou uma perda em toda a sua capacidade; este estudo mostra que mesmo a perda do plasmídeo degradador do consórcio bacteriano permanece capaz de biodegradação, (Akpe *et al.*, 2013) também foi indicado que a capacidade de alguns microrganismos para degradar o petróleo bruto vem da ação complementar entre o plasmídeo e DNA cromossômico.

Os plasmídeos são importantes na transformação de novos organismos com novas caraterísticas de capacidade de degradação melhorada. Utilizando técnicas de biologia molecular, os pedaços de ADN que contêm genes com vias de degradação específicas podem ser cortados em plasmídeos. Esses plasmídeos podem então ser introduzidos em organismos hospedeiros, levando à presença de novos microrganismos geneticamente modificados (GEM) com novas capacidades de degradação (Lee *et al.*, 1998; Akpe *et al.*, 2013), que são usados para biorremediar locais poluídos, principalmente como organismos para bioaumentação (Hay e Focht, 1998). Os factores ambientais adequados são essenciais para o desempenho destes organismos. (Mcclure *et al.*, 1989; Lee *et al.*, 1998)

A hidroxilase do alcano (*alkB*) é a principal enzima no processo de degradação do alcano, que catalisa o primeiro passo da reação (Grund *et al.*, 1975).

<u>Objetivo do estudo</u>

O presente estudo teve como objetivo isolar bactérias locais que degradam o petróleo a partir de solo contaminado com petróleo, estudar a relação filogenética entre os microrganismos capazes de degradação aeróbica de hidrocarbonetos, em seguida, selecionar e isolar o gene *alkB*, em seguida, clonar este gene de degradação de n-alcanos na *E.coli* competente e, finalmente, provar a capacidade do gene *alkB* para aumentar a eficiência da biodegradação da fração de alcanos, todos os objectivos acima referidos podem ser realizados por;

• Introdução de uma bactéria que reduz o primeiro passo (passo chave) da via de biodegradação do alcano.

• Confirmação da função do gene *alkB*.

• Melhoria da degradação da fração de n-alcanos através da expressão do gene *alkB*.

1.2. Revisão da literatura

1.2.1. Biotecnologia ambiental

A biotecnologia ambiental é a ciência relacionada com o estudo de problemas ambientais, como a remediação de poluentes, a geração de energia renovável ou a produção de biomassa utilizando actividades biológicas (Sanseverino *et al.*, 2018). A biotecnologia, sob a forma de biorremediação, pode remover ou reduzir o risco ambiental na água, no ar e no solo causado pela acumulação de materiais tóxicos ou poluentes (Kumar *et al.*, 2017).

Muitos ramos científicos (bioquímica, engenharia ambiental, microbiologia ambiental, biologia molecular, ecologia) contribuíram para o crescimento da biotecnologia ambiental (Scragg, 2005). Métodos inovadores de degradação de poluentes apoiados por organismos vivos que produzem poucos resíduos e mantêm os recursos naturais devido aos seguintes factores (Scragg, 2005):

• Melhoria da gestão dos resíduos sólidos e das águas residuais.

• Bioremediação: limpeza da contaminação e fitoremediação.

• Confirmar a saúde do ambiente através da biomonitorização.

• Produção segura: fabrico com menos poluição.

• Produção de energia a partir de biomassa.

• Utilização da engenharia genética para a proteção do ambiente.

1.2.2. Bioremediação de hidrocarbonetos

A capacidade dos micróbios para atacar os hidrocarbonetos está disposta em diferentes níveis e foi classificada por ordem decrescente de suscetibilidade: n-alcanos > alcanos ramificados > aromáticos de baixo peso molecular > alcanos cíclicos , a origem do petróleo bruto reflecte a sua composição global e a taxa de biodegradação depende do padrão dos hidrocarbonetos (Leahy e Colwell, 1990) assim como existem diferentes factores físicos e químicos que afectam a biodegradação dos hidrocarbonetos, a baixa solubilidade em água é o fator mais importante(Xue *et al.*, 2015). A baixa temperatura afecta negativamente a degradação dos hidrocarbonetos (Xue *et al.*, 2015). Nos ambientes aquosos, os hidrocarbonetos podem ligar-se às partículas do solo, o que leva à diminuição da sua toxicidade, mas aumenta a sua persistência (Lee *et al.*, 2015). A emulsificação de hidrocarbonetos em água aumentará a sua área de superfície, haverá também um aumento da biodisponibilidade, e a atividade emulsificante de bactérias e fungos será uma grande influência no início do processo de absorção de hidrocarbonetos (Xue *et al.*, 2015).

A temperatura é um fator muito significativo na regulação do metabolismo microbiano dos hidrocarbonetos, bem como da estrutura da comunidade microbiana. A viscosidade do óleo diminui a altas temperaturas e a volatilização de alcanos tóxicos de cadeia curta aumenta, enquanto os hidrocarbonetos de cadeia mais longa se tornam mais solúveis (Sakthipriya *et al.*, 2016). Nas fases iniciais da biodegradação dos hidrocarbonetos, e para iniciar a sua absorção, as células microbianas aderem às películas e gotículas de óleo. O transporte passivo é o principal processo de absorção, mas algumas bactérias dispõem de outros mecanismos para acumular e transportar hidrocarbonetos para o interior da célula (Pandey *et al.*, 2016). Os biossurfactantes são produzidos por algumas bactérias e actuam como agentes emulsionantes de hidrocarbonetos que reduzem o tamanho das gotículas, aumentando assim a sua biodisponibilidade e consequente biodegradação (Lang e Wagner, 2017).

1.2.3. Organismos de bioremediação

O processo biológico de reciclagem de resíduos para outra forma que pode ser utilizada e reutilizada por outros organismos é chamado de biorremediação, os microrganismos são fundamentais para uma solução alternativa chave para superar os desafios da poluição (Abatenh *et al.*, 2017). As bactérias que utilizam hidrocarbonetos não se encontram apenas em locais contaminados por hidrocarbonetos, mas também em ambientes normais do solo (Rao e Jyothi, 2009).

Todas as reacções metabólicas associadas à bioremediação têm como mediadores enzimas como as oxidorredutases, hidroxilas, liases, transferases, isomerases e ligases. Devido à afinidade não específica e específica do substrato de muitas enzimas, estas têm uma grande capacidade de degradação. A ação das enzimas necessárias dos microrganismos contra os poluentes e a sua degradação em produtos seguros é o processo de bioremediação eficaz (Kumar *et al.*, 2011).

Na degradação aeróbia dos n-alcanos, geralmente iniciada pela hidroxilação de um grupo metilo terminal para produzir álcool primário, como se mostra na figura (1-1), que é posteriormente convertido noutro metabolito e finalmente convertido em ácido gordo, os ácidos gordos são conjugados com CoA e posteriormente processados por B-oxidação para gerar acetil-CoA.

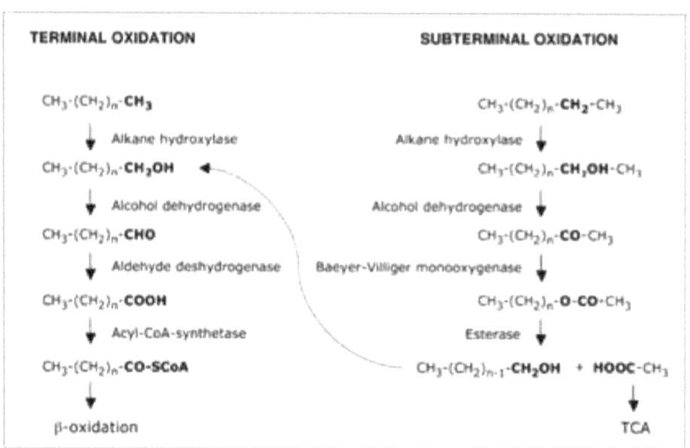

Figura 1-1: Vias terminais e subterminais da biodegradação dos alcanos , a degradação aeróbia dos n-alcanos começa geralmente pela oxidação de um grupo metilo terminal para produzir um álcool primário, que é posteriormente oxidado no aldeído correspondente e, finalmente, convertido num ácido gordo. Os ácidos gordos são conjugados com CoA e posteriormente processados por в- oxidação para gerar acetil-CoA (Moreno e Rojo, 2017)

As enzimas de diferentes famílias podem ser utilizadas para iniciar a hidroxilação terminal de n-alcanos em bactérias. Os microrganismos que degradam n-alcanos de cadeia média (C5-C11) ou longa (>C12) contêm geralmente monooxigenases de membrana, de ferro não heme, relacionadas com a *alkB* alcano hidroxilase (Moreno e Rojo, 2017).

1.2.4. Bactérias utilizadoras de alcanos

Os surfactantes são um fator importante que afecta a ingestão e a assimilação de alcanos, como o hexadecano (Beal e Betts, 2000).

As bactérias degradadoras de alcanos encontram-se espalhadas por todo o ambiente marinho e terrestre (Wentzel *et al.*, 2007; Atlas *et al.*, 2009). A monooxigenase de ferro di-heme (*alkB*) de membrana integral é a enzima-chave da via de utilização de alcanos, que hidroxila os n-alcanos no lado terminal com a ajuda de duas proteínas solúveis de transferência de electrões denominadas rubredoxina (*alkG*) e rubredoxina redutase (*alkT*). A rubredoxina redutase transfere electrões do NADH para a rubredoxina, que por sua vez transfere os electrões para a *alkB* (Moreno e Rojo, 2017) figura (1-2).

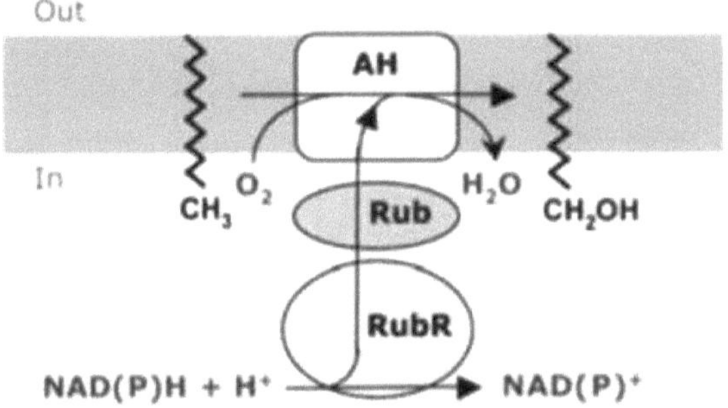

Figura 1-2: Oxidação de N-alcanos por alcano hidroxilases. AH: alcano hidroxilase ligada à membrana; Rub: rubredoxina; RubR: rubredoxina redutase; A barra cinzenta representa a membrana plasmática; a camada fosfolipídica virada para o citoplasma está marcada como "In" (Moreno e Rojo, 2017).

Noutros estudos, o gene *alkB* foi utilizado como biomarcador para a determinação da abundância e diversidade de bactérias degradadoras de alcanos (Kuhn *et al.*, 2009; Perez-de-Mora *et al.*, 2011). De acordo com a maioria dos estudos bioquímicos, *P. aeruginosa* é capaz de crescer em n-alcanos (C6-C10), bem como em alcanos mais longos (Smits *et al.*, 2003).

As propriedades bioquímicas da *alkB* foram analisadas em pormenor. Estudos genéticos demonstraram que possui seis segmentos transmembranares e um sítio catalítico virado para o citoplasma. O sítio ativo inclui quatro motivos de sequência contendo histidina que são conservados noutras monooxigenases de hidrocarbonetos e que quelam dois átomos de ferro figura (1-3);(van Beilen *et al.*, 1992; Shanklin *et al.*, 1994). Um dos átomos de oxigénio do O2 é transferido para o grupo metilo terminal do alcano, dando origem a um álcool, enquanto o outro oxigénio é reduzido a H2O por electrões fornecidos pela rubredoxina. A oxidação é regio- e estereoespecífica (Van Beilen *et al.*, 1996)

Foi proposto que o sítio ativo da AlkB pode ser uma bolsa hidrofóbica profunda formada pelo alinhamento das seis hélices transmembranares e que a molécula de alcano desliza para o seu interior até que o grupo metilo terminal esteja corretamente posicionado em relação aos resíduos His que quelam os átomos de ferro (1-3). A distância estimada entre o resíduo Trp55 e os resíduos His é semelhante ao comprimento de uma molécula linear de C13. Isto sugere que a cadeia lateral volumosa do Trp55 se projecta para a bolsa hidrofóbica, impedindo que os n-alcanos mais longos do que o C13 entrem mais profundamente na bolsa, prejudicando assim o alinhamento correto do grupo metilo terminal com o local catalítico. A presença de aminoácidos na posição 55 com uma cadeia lateral menos volumosa permitiria que n-alcanos maiores se encaixassem na bolsa hidrofóbica (Van Beilen *et al.*, 2003).

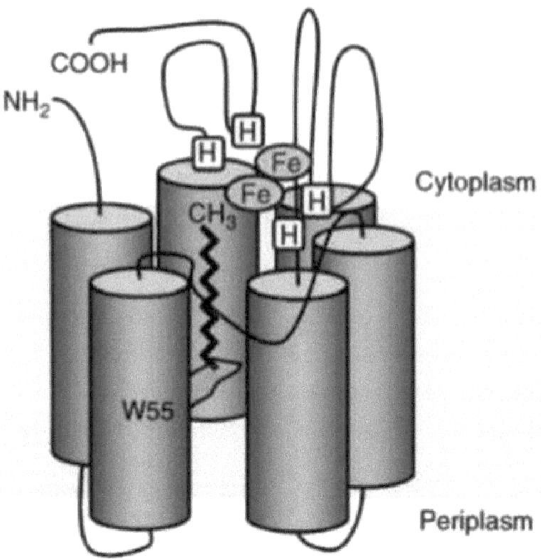

Figura 1-3: alcano hidroxilase. A barra cinzenta representa a membrana plasmática. Os quatro grupos de histidina (H) que se crê ligarem os dois átomos de ferro no local catalítico estão indicados, tal como a posição proposta para o resíduo
Trp55 (W55), que estende o seu grupo lateral volumoso em direção à bolsa hidrofóbica na qual se acredita que a molécula de alcano se encaixa (Van Beilen *et al.*, 2005)

1.2.5. Patogenicidade de *Pseudomonas aeruginosa*

A Pseudomonas aeruginosa é um microrganismo muito difundido, uma bactéria G-ve patogénica oportunista, capaz de causar doenças graves aos seres humanos durante a fraca defesa do corpo e de provocar infecções pulmonares e nosocomiais graves. A patogenicidade é caracterizada pela adesão, modificação ou perturbação das vias celulares do hospedeiro. O biofilme da *P. aeruginosa* protegeu-a contra vários tipos de antibióticos, bem como contra a imunidade do hospedeiro (Alhazmi, 2015).

A Pseudomonas aeruginosa pode ser encontrada em diferentes ambientes, como o solo, a água e os tubos quentes. Estas condições podem, por vezes, ser resolvidas com um tratamento mínimo, como antibióticos, mas, em algumas populações, *a Pseudomonas aeruginosa* é consideravelmente mais perigosa em pessoas com sistemas imunitários fracos, nos idosos e nas pessoas hospitalizadas durante muito tempo (Singh, 2012). Devido a infecções causadas por esta bactéria, as pessoas com fibrose cística e com SIDA completa morrem frequentemente, sendo também perigosa para quem tenha sido submetido a quimioterapia e tenha feito transplantes. A infeção pode ser mortal devido à relativa resistência desta bactéria à maioria dos medicamentos antibacterianos, especialmente quando se torna uma infeção dos pulmões ou da corrente sanguínea. *A Pseudomonas aeruginosa* é frequentemente referida como uma bactéria pus azul-verde. (Singh, 2012).

De acordo com os dados de (Smits *et al.*, 2003), um grande número de isolados clínicos *de P. aeruginosa* pode degradar os alcanos de cadeia longa. Por outro lado, (Alonso *et al.*, 1999) aprovaram que o crescimento das estirpes clínicas não é tão bom nos alcanos de cadeia longa como o das estirpes ambientais, talvez porque certos factores necessários para o crescimento nestes substratos (por exemplo, proteínas de captação putativas, factores de solubilização de alcanos, como os ramnolípidos, ou enzimas envolvidas no metabolismo a jusante) não são expressos de forma óptima nestas estirpes.

1.2.6. Análise filogenética de bactérias degradadoras de petróleo

As semelhanças e diferenças nas caraterísticas genéticas entre várias espécies biológicas reflectem as relações evolutivas entre elas e conduzem a um diagrama da árvore filogenética, em que os taxa unidos indicam que provêm de um antepassado comum. Cada nó é designado por unidade taxonómica (Solomon *et al.*, 2005). Os estudos filogenéticos baseiam-se no gene 16S rRNA porque este é altamente conservado entre as espécies de bactérias e archaea ao longo das gerações. Para amplificar o gene 16s rRNA e obter informações filogenéticas, são utilizados primers de PCR universais. A progressão das técnicas de análise da sequência do gene 16S rRNA numa amostra natural melhorou suavemente a nossa capacidade de detetar e identificar bactérias na natureza (Azizan *et al.*, 2018). A aplicação da filogenia molecular relacionada com amostras ambientais levou à descoberta de microrganismos anteriormente não identificados. No entanto, em vários habitats, existem muitas diferenças no número de microrganismos isolados e de ocorrência natural (Pace, 1997). Nas ciências biológicas, as árvores são tão importantes como a filogenética sistemática e comparativa (Solomon *et al.*, 2005).

É de esperar que a comunidade microbiana no ambiente contaminado com petróleo de Basrah sofra alterações de tempos a tempos devido às grandes actividades humanas relacionadas com as indústrias petrolíferas.

1.2.7. Genes plasmídicos e genes cromossómicos relacionados com a biodegradação de hidrocarbonetos de petróleo

Alguns plasmídeos específicos desempenham um papel significativo na adaptação das populações microbianas selvagens aos compostos de hidrocarbonetos; vários genes relacionados com as vias catabólicas microbianas responsáveis pela degradação dos hidrocarbonetos estão geralmente localizados em plasmídeos, por exemplo: alk (C5 a C12 n-alcanos), nah (naftaleno) e xil (xileno) (Sayler *et al.*, 1990).

Existe ADN cromossómico extra sob a forma de plasmídeos em muitos géneros bacterianos diferentes (Isiodu *et al.*, 2016). Os investigadores descobriram que a capacidade de biodegradação das bactérias heterotróficas aeróbias, com ou sem o seu plasmídeo degradativo, foi aprovada pelo estudo de cura do plasmídeo (Isiodu *et al.*, 2016); e confirmaram este facto removendo um plasmídeo das bactérias, o que resultou na diminuição de alguma capacidade de degradação, mas que não causou a perda de todo o potencial de biodegradação.

Os resultados mencionados anteriormente foram apoiados pelo estudo efectuado por Akpe, que observou que a cura de plasmídeos de *Klebsiella pneumoniae* e *Serratia marscencens* não resultou na perda total das capacidades de degradação, mas apenas conduziu a uma diminuição da sua capacidade de degradação (Akpe *et al.*, 2013).

1.2.8. Papel do gene *alkB* na degradação dos alcanos

A degradação aeróbia dos alcanos envolve muitas etapas, que começam com a enzima hidroxilase do alcano como uma etapa de oxidação (1-4). As hidroxilases catalisam a incorporação de grupos hidroxilo (-OH) pela adição de átomos de oxigénio (oxidação) através de reacções de hidroxilação. Vários sistemas enzimáticos evoluíram para efetuar a hidroxilação de hidrocarbonetos alifáticos em procariotas e eucariotas. São necessários diferentes sistemas enzimáticos para oxidar o substrato de alcano, dependendo do comprimento da cadeia deste substrato (Van Beilen e Funhoff, 2007).

No sistema alcano hidroxilase (monooxigenase), *a Pseudomonas* é responsável pela etapa inicial de oxidação na degradação dos n-alcanos (Van Beilen *et al.*, 1994).

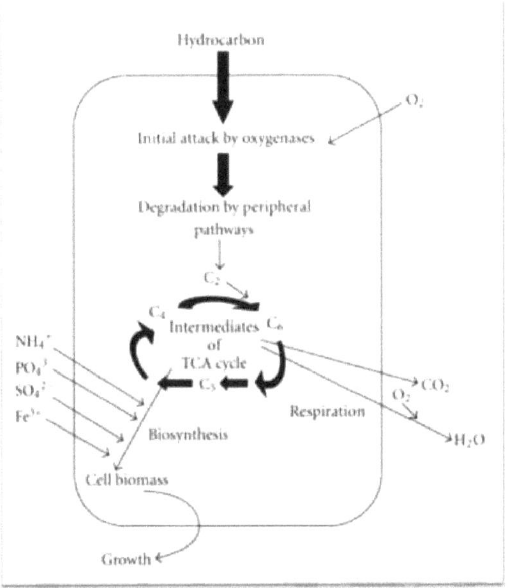

O ataque intracelular inicial dos poluentes orgânicos é um processo oxidativo e a ativação, bem como a incorporação de oxigénio, é a reação-chave enzimática catalisada pelas oxigenases e peroxidases. As vias de degradação periféricas convertem os poluentes orgânicos, passo a passo, em intermediários do metabolismo intermediário central (Das e Chandran, 2011).

Na biodegradação de polietileno de baixo peso molecular (LMWPE), o gene *alkB* de *Pseudomonas* sp. é significativo, mesmo sem a presença de outras enzimas específicas, como a rubredoxina e a rubredoxina redutase; (Yoon *et al.*, 2012).

Um único iniciador *específico para alkB* através da técnica de PCR não consegue detetar todos os microrganismos que degradam alcanos devido à especificidade das espécies microbianas em relação aos alcanos (Smits *et al.*, 1999). A revisão de (Van Beilen *et al.*, 2003) propôs que os genes da hidroxilase de alcanos na maioria das estirpes bacterianas estão distribuídos em cromossomas, plasmídeos ou transposões. Os homólogos do gene da alcano-hidroxilase (definidos como a semelhança na sequência de nucleótidos do gene que pode passar de um (Webber e Ponting, 2004)), enquanto que os genes que codificam as alcano-hidroxilases e o citocromo P450 bacteriano foram detectados em bactérias filogeneticamente diferentes, o que explica o papel significativo do mecanismo de transferência horizontal de genes. No entanto, a compreensão da evolução das famílias de hidroxilases de alcanos com a mesma função continua a ser um desafio. Além disso, uma bactéria degradadora de alcanos contém muitos genes de alcano-hidroxilase que a levam a utilizar uma vasta gama de alcanos. Até à data, o sistema de genes *alkB* mais conhecido é a alkane hidroxilase relacionada com a membrana integral *alkB* presente na estirpe Gpo1 *de Pseudomonas putida*, como se mostra na figura (1-5).

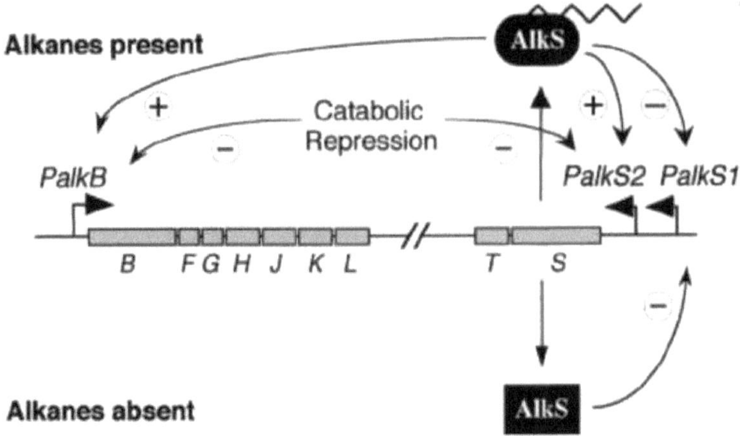

Figura 1-5: A via de degradação de alcanos GPol *de P. putida*. Os genes estão agrupados em dois grupos, alkBFGHJKL e alkST. Na ausência de alcanos, o regulador AlkS é expresso em níveis baixos a partir do promotor PalkS1, que é auto-regulado por AlkS. Na presença de alcanos, AlkS ativa a expressão dos promotores PalkB e PalkS2, gerando um ciclo de amplificação positiva. Para ativar PalkS2, AlkS liga-se a um sítio que se sobrepõe a PalkSl. Este facto, juntamente com os níveis mais elevados de AlkS gerados, leva a um forte bloqueio do promotor PalkS1 na presença de alcanos. A ativação dos promotores PalkB e PalkS2 por AlkS é regulada negativamente por repressão catabólica quando as células são cultivadas num meio definido que contém determinados ácidos orgânicos (lactato ou succinato) como fonte de carbono ou num meio LB rico (Rojo, 2009).

A organização dos genes envolvidos na oxidação de alcanos em *P. aeruginosa* PAO1 é diferente da de outras espécies de *Pseudomonas*. As estirpes GPo1 e P1 *de P. putida* possuem dois operões, que contêm todos os genes envolvidos na degradação do alcano e estão localizados num transposão (putativo ou defeituoso) (Van Beilen *et al.*, 2001), enquanto *P. fluorescens* CHA0 contém um operão que codifica a hidroxilase do alcano, duas proteínas (homólogas de PraA *de P. aeruginosa*) que podem estar envolvidas na solubilização do alcano e uma proteína putativa da membrana externa (Smits *et al.*, 2002). Os dois genes da alcano hidroxilase em *P. aeruginosa* PAO1 figura (1-6) não estão próximos dos genes que codificam as proteínas de transferência de electrões rubredoxina e rubredoxina redutase (rubA1A2B) no genoma de *P. aeruginosa* PAO1 (Stover *et al.*, 2000).

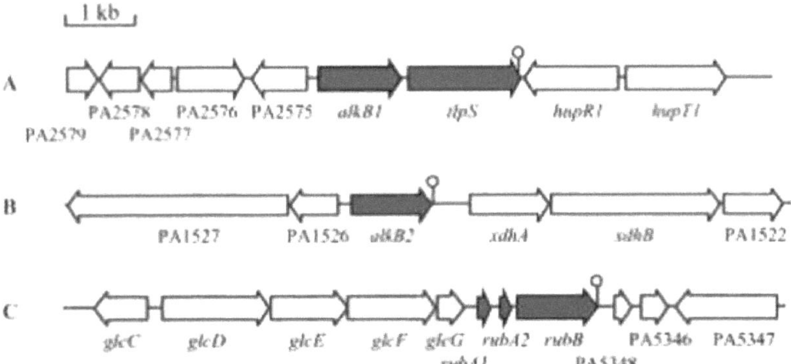

Figura 1-6: Análise de quadros de leitura abertos que flanqueiam os genes PAO1 *de P. aeruginosa* **envolvidos na degradação de alcanos. Os dados foram obtidos a partir da sequência do genoma de** *P. aeruginosa* **(www.pseudomonas.com).1A:Alkane hydroxylase 1** (*alkB1*) **e região flanqueadora. Outros genes: tlpS: proteína de quimiotaxia que aceita metilo; hupR1: sistema regulador de dois componentes envolvido na regulação da atividade da [NiFe] hidrogenase; hupT1: proteína sensora envolvida na repressão da síntese de hidrogenase. PA2577: regulador transcricional putativo da família AsnC; PA2579: homólogo à triptofano-2,3-dioxigenase humana; PA2578, PA2576, PA2575: proteínas hipotéticas.1B: Alkane hydroxylase 2** (*alkB2*) **e região flanqueadora. Outros genes: PA1527: homólogo da proteína de separação cromossómica de levedura SMC;PA1526: regulador putativo da transcrição da família GntR; xdhA: homólogo do domínio N-terminal das xantinas desidrogenases eucarióticas (XDH); xdhB: homólogo de fragmentos internos de XDHs eucarióticas e da XDH total de** *Rhodobacter capsulatus*;**PA1522: homólogo do domínio N-terminal da XDH** *de R. capsulatus*.**1C: O grupo de genes rubA1A2B (rubA 1; rubA2; rubB) e a região flanqueadora. Outros genes: glcCDEFG: genes homólogos aos genes glcRDEFG de** *E. coli* **envolvidos na oxidação do glicolato; PA5348: homólogo à proteína HU semelhante à histona de** *P. aeruginosa*; **PA5347, PA5346: proteínas hipotéticas. (Stover** *et al.*, **2000).**

Devido à grande diferença entre as sequências *alkB* em função da variedade das espécies microbianas, (Kohno *et al.*, 2002) organizaram três grupos de iniciadores de PCR para a deteção dos muitos genes de alcano hidroxilase nos microrganismos que degradam o alcano:

1. Grupo I: 185 pb relacionados com *Acinetobacter* que codificam o gene *alkB*, responsável pelos n-alcanos (C6-C12).

2. Grupo II: *Pseudomonas* e Corynebacterium spp. são abrangidas por um iniciador de 271 pb e codificam *alkM* que catalisa n-alcanos de cadeia média (C8-C16).

3. Grupo III: *Pseudomonas* e *Rhodococcus* spp. são abrangidas por um

iniciador de 330 pb e codificam *alkB* que catalisa n-alcanos (>C16).

O grupo de alcano hidroxilase (I) que codifica o gene alk-B que catalisa n-alcanos de cadeia curta (C6-C12). Os genes foram classificados no grupo (II) que codifica alk-M que catalisa n-alcanos de cadeia média (C8-C16) e no grupo (III) de genes de hidroxilase de alcano que codifica *alkB* que catalisa n-alcanos de cadeia longa (>C16) (Hassanshahian *et al.*, 2010).

Após a hidroxilação (obtenção do grupo metilo terminal) da molécula de alcano, estas moléculas devem deslizar para a bolsa hidrofóbica microbiana (Moreno e Rojo, 2017).

1.2.9. Aplicações de enzimas de oxidação de alcanos em biotransformações de interesse industrial

Para além do seu papel na degradação de alcanos, as hidroxilases de alcanos podem ser úteis em processos de biotransformação. Os álcoois derivados de n-alcanos são produtos valiosos nas indústrias farmacêutica, cosmética e alimentar. As alcano-hidroxilases oxidam frequentemente não só os seus substratos naturais mas também outros compostos, embora com eficiência reduzida, aumentando ainda mais a sua potencial utilidade na indústria (Van Beilen e Funhoff, 2005). A GPo1 *alkB* de *P. putida* pode, por exemplo, gerar epóxidos a partir de alcenos e outros produtos químicos com uma ligação dupla terminal, oxidar álcoois em aldeídos e catalisar reacções de desmetilação e de sulfoxidação (Van Beilen *et al.*, 1996). Também pode oxidar o éter metil-terc-butílico (Smith e Hyman, 2004). A oxidação é regio- e estereoespecífica, o que, no caso de alguns substratos, abre portas para aplicações em química fina. Por exemplo, quando actua sobre um composto com uma ligação dupla terminal, produz um epóxido (R) em elevado excesso enantiomérico. Os epóxidos opticamente activos podem ser utilizados para gerar uma série de produtos químicos que são precursores úteis a partir dos quais se obtêm vários produtos de valor acrescentado.

Apesar da extensa investigação sobre a degradação de alcanos por bactérias, muitas caraterísticas permanecem mal compreendidas, incluindo a forma como os n-alcanos são incorporados ou transportados para a célula (que pode diferir entre n-alcanos e microrganismos). As enzimas para a degradação de n-alcanos de cadeia curta e média estão bastante bem caracterizadas, embora haja uma escassez de dados estruturais. No entanto, alguns resultados indicam que, em vários microrganismos, os n-alcanos C20-C50 são provavelmente oxidados por enzimas ainda não identificadas. A questão de saber porque é que as estirpes bacterianas contêm frequentemente várias hidroxilases de alcanos diferentes ou relacionadas que têm especificidades de substrato muito semelhantes é também intrigante. Pode ser que essas hidroxilases diferem em aspectos que ainda são desconhecidos, mas que são importantes na biologia celular, o uso de hidroxilases de alcano para biotransformações de interesse industrial uma área de grande potencial ainda tem que resolver várias questões técnicas que limitam a eficiência (Moreno e Rojo, 2017) .

### 1.2.10.	Transferência horizontal de genes

A transferência horizontal de genes (HGT) é definida como a troca de material genético entre duas células, a doadora e a recetora, e a estabilidade nas células receptoras provém quer da integração quer da replicação autónoma. A HGT é o mecanismo através do qual os genes das populações bacterianas relacionadas e filogeneticamente distintas da comunidade bacteriana obtêm informação genética que desempenha um papel fundamental na evolução e adaptação dos procariotas. Existem três estratégias que descrevem a transferência de genes entre as células nos procariotas (Lorenz, 1992; Van Elsas *et al.*, 2003):

1. Absorção de ADN livre por células bacterianas por meio de transformação.

2. A transdução é um processo através do qual um vírus bacteriano (vetor) transfere o gene.

3. A transferência de genes ocorre durante o contacto celular através de estruturas específicas que permitem a transferência de ADN, este processo é designado por conjugação.

### 1.2.11.	Clonagem de ADN

### 1.2.11.1.	Princípio da clonagem de ADN

A clonagem de ADN pode ser descrita, em termos abrangentes, como um processo de isolamento e amplificação rápidos de porções de ADN que podem ser utilizadas em experiências subsequentes (Mehrabi *et al.*, 2017). A clonagem molecular refere-se a uma série de procedimentos experimentais em biologia a nível molecular, que são utilizados para reunir moléculas multi-recombinantes de ADN e para apontar a sua replicação dentro dos organismos hospedeiros (Watson *et al.*, 2007). A clonagem é geralmente utilizada para amplificar fragmentos de ADN de genes inteiros, sequências de ADN como promotores e sequências não codificantes, bem como qualquer ADN fragmentado aleatoriamente. É utilizada em diferentes domínios da biologia molecular e da biotecnologia, desde a recolha de impressões digitais genéticas até à produção de proteínas em grande escala (Russel, 2009).

A técnica inclui a replicação de uma única molécula de ADN, a partir de uma única célula viva, para produzir uma grande população de células com moléculas de ADN idênticas, o que remete para o termo clonagem. O processo de utilização de moléculas de ADN de dois organismos diferentes, sendo o primeiro a fonte de ADN a clonar e o segundo o hospedeiro para a replicação do ADN recombinante, é designado por clonagem molecular. Os sistemas de clonagem molecular estão no centro de muitos tópicos modernos da biologia e da medicina recentes (Glick *et al.*, 2010).

A clonagem inclui a construção de moléculas de ADN recombinante que podem ser auto-replicadas como um hospedeiro na célula bacteriana, completada pela inserção de ADN num vetor de clonagem de plasmídeo ou bacteriófago e, em seguida, pela inserção de um vetor em células bacterianas, utilizando finalmente a maquinaria de replicação do ADN bacteriano para a amplificação do ADN do vetor

O fragmento de ADN inserido pode ser obtido a partir de qualquer organismo e derivado de ADN genómico, cDNA, ADN previamente clonado, produtos de PCR ou sintetizado in vitro (Lodge *et al.*, 2007).

De um modo geral, a clonagem de qualquer segmento de ADN é efectuada basicamente em seis etapas (Lodge *et al.*, 2007):

Inicialmente, temos de escolher o organismo hospedeiro e o vetor de clonagem.

1. Inicialização do ADN do vetor.
2. Inicialização do fragmento de ADN planeado para ser clonado.
3. Preparação de novo ADN recombinante utilizando ligase.
4. Inserção de ADN recombinante num organismo hospedeiro.
5. Seleção de organismos que albergam sequências de vectores.
6. Seleção de clones com as inserções de ADN necessárias.

Para realizar os passos anteriores, inicialmente, o plasmídeo e o fragmento de ADN são modificados e linearizados, adicionando depois sequências terminais compatíveis a cada um deles para serem unidos pelo processo de ligação. A fim de formar uma molécula recombinante circular, o vetor é ligado ao fragmento de ADN, o ADN circular recém-construído é alojado em células *de Escherichia coli* através de transformação e, em seguida, apenas *as E.coli* que albergam o vetor recombinante (*E. coli* transformada) são escolhidas. (Lodge *et al.*, 2007).

1.2.12.   Os vectores de expressão pET

Em termos simples, o vetor de clonagem é um ADN circular extra-cromossómico que contém o sítio ori C (origem de replicação) e que pode replicar-se na célula hospedeira de forma autónoma. Foram desenvolvidos vários vectores de expressão diferentes para regular a produção de proteínas em *Escherichia coli*. Alguns dos mais populares incluem a família pET de vectores de expressão. A figura (1-7) mostra um mapa completo relacionado com um tipo de vectores da família pET. Estes vectores foram concebidos para serem replicados em situações controladas que podem reprimir ou induzir a produção de proteínas (Warren *et al.*, 2000).

Studier e Moffatt, em 1986, desenvolveram o sistema de expressão da RNA polimerase T7 para ser extremamente seletivo para os seus próprios promotores, que não ocorrem naturalmente em *Escherichia coli*.

O sistema PET envolveu dois processos diferentes de manutenção da T7 RNA polimerase na célula, o 1st qual, um bacteriófago lambda foi utilizado para inserir o gene da T7 RNA polimerase, e por outro lado, o gene para a T7 RNA polimerase, foi inserido no cromossoma do hospedeiro (Studier e Moffatt, 1986).

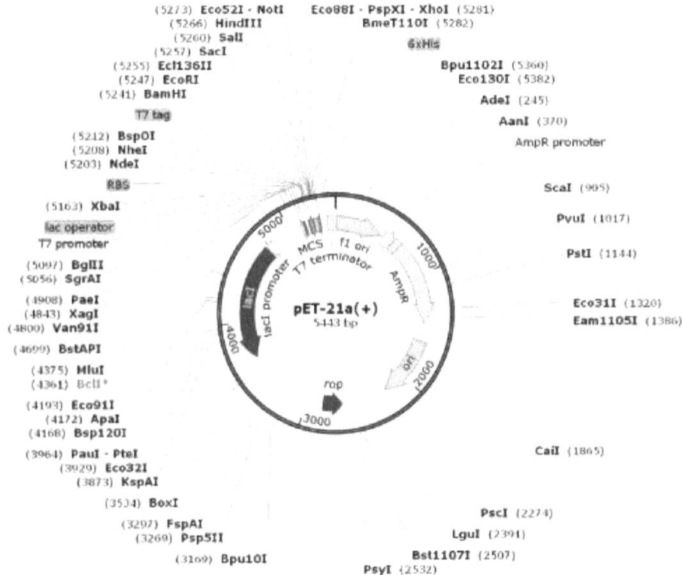

Figura 1-7: Um mapa do vetor plasmídico pET-21a(+) (Novagen, 2001), MSC: Sítio de multiclonagem.

1.2.13. Sistema de expressão pET

Este sistema é agora amplamente utilizado para produzir proteínas de elevado peso, a precisão envolvida no promotor T7, que liga apenas a T7 RNA polimerase, e a conceção do sistema, que permite controlar facilmente o nível da proteína envolvida e selecionar o momento em que é expressa (Novagen, 2001).

O controlo do sistema de expressão do pET é realizado através do promotor lac e da figura do operador (1-8). O cromossoma de uma célula hospedeira contém um gene com um promotor induzível que é estimulado pelo IPTG, que substitui o repressor do operador lac. Como os operadores lac estão localizados em ambos os genes que codificam a polimerase T7 e o gene alvo, o IPTG ativa ambos os genes (Studier, 1991). Assim, a polimerase T7 é expressa logo que o IPTG é adicionado à célula e começa a transcrever o gene alvo para produzir a proteína alvo.

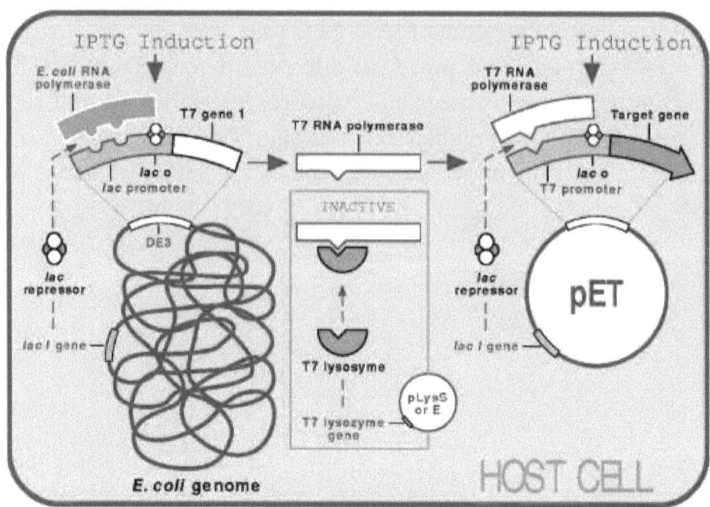

Figura 1-8: Elementos de controlo do sistema pET (Studier, 1991), O gene no cromossoma da célula hospedeira tem normalmente um promotor induzível que é ativado pelo IPTG, que desloca o repressor do operador lac. Uma vez que existem operadores lac em ambos os genes que codificam a polimerase T7 e o gene alvo, o IPTG ativa
ambos os genes

1.2.14. Transformação

A nova informação genética pode ser obtida a partir de bactérias através de três abordagens: conjugação, transdução e transformação. A transferência direta de ADN de um organismo para outro é designada por conjugação, enquanto na transdução o ADN é transferido por um bacteriófago. A obtenção de ADN nu a partir do ambiente extracelular é designada por transformação, e a competência genética é a capacidade de sofrer transformação (Chen e Dubnau, 2004).

Transformação significa "mudança". A transformação refere-se a um estilo de modificação genética em que as bactérias adquirem ADN livre do ambiente circundante para expressar novos critérios fenotípicos para essas bactérias. A transformação natural das bactérias tem sido uma consideração importante no progresso da biologia molecular. Atualmente, a engenharia genética é uma das técnicas mais importantes, os investigadores descobriram formas de melhorar a captação de ADN, uma vez que a maioria das bactérias não se transforma facilmente, pelo que este meio óbvio de alterações genéticas pode ser mais eficiente (Brown, 2005).

A E.coli é transformada por dois processos principais: transformação química (choque térmico) e electroporação, sendo o método 1st mais adequado e a electroporação mais eficiente (Lodge *et al.*, 2007). A transformação de ADN plasmídico em *E.coli* é uma técnica típica da biologia molecular, utilizando um método de choque térmico que serve principalmente para inserir ADN em bactérias que são um produto de ligação estranho (Froger e Hall, 2007).

1.2.15. Estirpe hospedeira

Escherichia coli e *Bacillus* spp. foram inicialmente os hospedeiros predominantes para a expressão de proteínas recombinantes, e os cientistas mencionaram depois que a proteína requer frequentemente um determinado hospedeiro para produzir um nível de produção elevado. Assim, foram desenvolvidos muitos sistemas de expressão diferentes, um sistema para utilização em leveduras, insectos, culturas de células animais e muitos hospedeiros diferentes (Aune, 2008).

1.2.16. *Escherichia coli*

Apesar do alargamento gradual do sistema de expressão, o hospedeiro mais predominante para a produção de proteínas recombinantes é a *Escherichia coli*, para produzir uma grande quantidade de produtos intermédios, detergentes e produtos farmacêuticos, este tipo de bactéria é amplamente utilizado.

Além disso, a *Escherichia coli* é a opção mais comum quando se pretendem proteínas simples, tendo sido introduzidas melhorias importantes para a sobreexpressão de proteínas mais complexas, hormonas e interferões (Walsh, 2005). *Escherichia coli* figura (1-9) é uma bactéria G-ve anaeróbia facultativa não formadora de esporos que está normalmente presente no intestino inferior de animais de sangue quente.

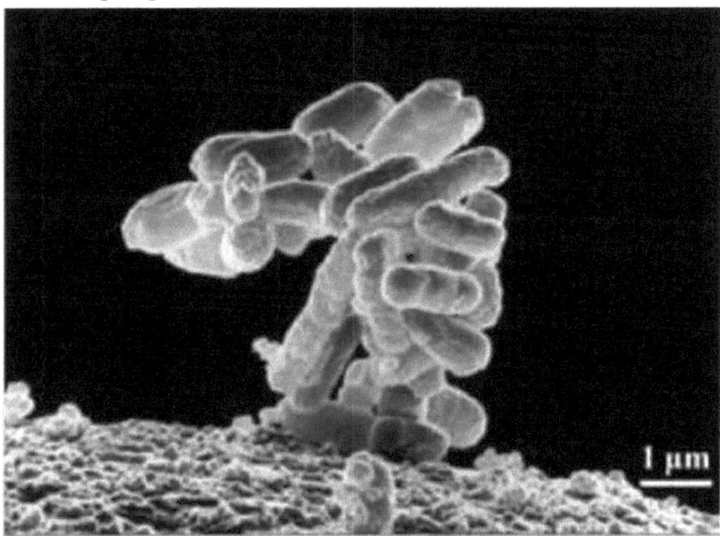

Figura 1-9: Micrografia eletrónica de células *de Escherichia coli*, 10.000 X (Boada,

2009)

A E.coli é uma célula em forma de coccobacilo, com 0,5 micrómetros de diâmetro e 2 micrómetros de comprimento. No entanto, *a E.coli* pode ser facilmente cultivada fora do intestino e, na biotecnologia, é considerada um organismo modelo devido à sua simplicidade genética e à facilidade de manipulação durante as experiências. O cromossoma bacteriano reside no citoplasma da bactéria, ao contrário do cromossoma dos eucariotas, que se encontra no interior da membrana do núcleo. Aí, o cromossoma existe como uma estrutura compacta (geralmente circular) superenrolada e é relativamente pequeno em tamanho, podendo ser facilmente modificado. As células *de Escherichia coli* têm cerca de 4.400 genes e vivem num estado haploide durante toda a sua vida, sem qualquer segundo alelo para mascarar os efeitos da mutação durante as experiências de engenharia (Khan, 2020).

A outra razão para a escolha da *Escherichia coli* como modelo em biotecnologia é a sua capacidade de crescer mais rapidamente do que outros organismos complexos. *A Escherichia coli* cresce rapidamente a um ritmo de uma geração por cada vinte minutos em condições de crescimento típicas; isto permite a preparação de uma cultura em fase logarítmica (a meio caminho da densidade máxima) de um dia para o outro e fornece resultados genéticos experimentais em poucas horas, em vez de vários dias, meses ou anos. Um crescimento mais rápido também significa as melhores taxas de produção quando as culturas são utilizadas em procedimentos de fermentação (Soccol *et al.*, 2013). Todos estes critérios permitem que *a Escherichia coli* seja um dos hospedeiros mais preferidos para a produção económica de proteínas recombinantes quando comparada com outros hospedeiros (Merten *et al.*, 2013).

A estirpe BL21 de *Escherichia coli* é muito utilizada na aplicação da produção de proteínas em níveis elevados, CP010816 é o número de acesso da sequência completa do genoma da estirpe *Escherichia coli* BL21 (Jeong *et al.*, 2015). *Escherichia coli* BL21 e BL21(DE3), criadas por (Studier e Moffatt, 1986), e esta estirpe de laboratório é comum para a produção de proteínas recombinantes. *E.coli* BL21 (DE3), um derivado de BL21, é a mais utilizada na expressão de alto nível de proteína recombinante e contém um profago DE3 derivado de um bacteriófago que contém o gene T7 RNA polimerase que é controlado pelo promotor lacUV5.

A biodegradação é um processo natural que se prolonga por semanas a meses; pode ser considerada a solução definitiva para os derrames de hidrocarbonetos, mas não a 1st ferramenta de tratamento. O longo período de tempo do processo de biodegradação é uma limitação importante desta aplicação. A otimização de diferentes parâmetros físicos, químicos e biológicos nos locais poluídos foi aplicada para aumentar o valor do processo de biodegradação, bem como a construção de consórcios bacterianos e a engenharia genética de bactérias para esse efeito. (Luo *et al.*, 2015).

Como uma tentativa de melhorar o processo de degradação do óleo, a cultura do recombinante (pCom8-Gpo1 alkB/E. *coli* DH5) relacionado com (Luo *et al.*, 2015), aumentou a percentagem de degradação do óleo diesel às 24 h de 31% para 50%, e as taxas de facilitação foram aumentadas à medida que a proporção de pCom8-Gpo1 alkB/E.*coli* DH5 para o consórcio aumentou. Para otimizar as enzimas e as vias metabólicas, foram desenvolvidas muitas estratégias genéticas. Existem muitos estudos novos sobre as vias metabólicas de degradação. O primeiro passo no metabolismo dos alcanos é a hidroxilação terminal dos alcanos em 1-alcanos, uma reação catalisada por uma família de enzimas di-ferro integradas na membrana, relacionadas com muitas bactérias que degradam o petróleo, por exemplo, *Pseudomonas putida* Gpo1, que envolve enzimas *alkB* e citocromos P450 ligados à membrana (Funhoff *et al.*, 2006).

1.2.17.   Métodos de ensaio de proteínas

O ensaio de Bradford é uma técnica de determinação de proteínas que depende do princípio da ligação do Coomassie Brilliant Blue G-250 à proteína. A concentração da proteína recombinante de *P. putida alkB* e Rubredoxina foi determinada utilizando o ensaio de Bradford (Xie *et al.*, 2011). A formação da cor devido à ligação do corante à proteína resulta numa mudança de 465 para 595 nm na absorção do corante, o processo de ligação é efectuado praticamente em cerca de 2 minutos com boa estabilidade da cor durante 1 hora, o teste é altamente reprodutível e rápido (Bradford, 1976).

1.2.18.   Técnicas de eletroforese em gel de SDS-poliacrilamida e Western Blotting

O método de separação eficaz do complexo de proteínas pode ser conduzido por uma técnica amplamente utilizada conhecida como (SDS-PAGE); eletroforese em gel de poliacrilamida com dodecil-sulfato de sódio, a desnaturação da proteína é o passo inicial deste método (Nowakowski *et al.*, 2014).

Outra técnica importante relacionada com os métodos de deteção de proteínas é o Western blotting ou immunoblotting. Esta técnica é utilizada para detetar proteínas específicas em proteínas brutas extraídas. Para tal, devem ser realizados três elementos importantes: (1) separação por tamanho, (2) transferência para um suporte sólido e (3) deteção da proteína-alvo utilizando um anticorpo primário e secundário específico (Mahmood e Yang, 2012).

Ambas as técnicas mencionadas anteriormente dependem do princípio da separação de cargas. No método SDS, por vezes existem outras proteínas com o mesmo peso molecular da proteína-alvo, pelo que não é fácil confirmar a proteína específica. No western blot (um teste de confirmação), todas elas são transferidas para a membrana de nitrocelulose e depois tratadas com anticorpos específicos contra a proteína em causa para a confirmar. A elevada seletividade específica dos anticorpos permite a deteção da proteína em causa entre mais de 100 000 proteínas diferentes (Ghosh *et al.*, 2014).

A utilização de anticorpos anti-His-tag em métodos de ensaio para purificação e deteção de proteínas recombinadas marcadas com His está disponível comercialmente e proporciona um meio de purificação ou deteção de proteínas recombinantes sem um anticorpo ou sonda específicos da proteína. No teste Western blot, foram utilizados anticorpos anti-6His-tag para detetar a proteína recombinante como anticorpos primários (Sugawara *et al.*, 2013).

A fim de visualizar e quantificar um anticorpo recombinante *alkB-StrepII*, foi efectuada uma análise Western blot com o sistema monoclonal anti-StrepII (Novagen) (Xie *et al.*, 2011).

O estudo de (Ghosh *et al.*, 2004) também referiu a utilização de anticorpos anti-6His-tag como método de deteção das proteínas recombinantes.

Materiais
e
métodos

2. Capítulo II

2.1. Materiais

2.2. Equipamentos

Os equipamentos utilizados no presente estudo estão listados na tabela (2-1).

Quadro 2-1: Lista de equipamentos.

Equipamento	Fabricante
Autoclave	Hirayama HG-80, (Japão)
Centrifugadora	Eppendorf, (Alemanha)
Centrífuga de arrefecimento	Eppendorf, (Alemanha)
Congelamento profundo (-85°C)	NuAire, (Japão)
Câmara digital	Sony, (Japão)
Eletroforese	Fisher Scientific, (EUA)
Centrifugadora Eppendorf	Helmer, (Alemanha)
Sistema de documentação em gel	SYNGENE-GBOX F3, (UK)
Incubadora	Binder, (Alemanha)
Fluxo de ar laminar, campânula biológica	LabTech, (Coreia)
Microscópio de luz	KERN, (Alemanha)
Placa de aquecimento com agitador magnético	Heidolph, (Alemanha)
Micropipetas (tamanhos diferentes)	Eppendorf, (Alemanha)
Filtro Millipore 0,22 pl	Filtro de seringa Acrodisc, (EUA)
Nanodrop	Jenway, (UK)
Forno	Binder, (Alemanha)
Medidor de pH	Fisher Scientific, (EUA)
Balança eletrónica (5 dígitos)	Sartorius, (Alemanha)
Incubadora com agitador	Sartorius, (Alemanha)
Espectrofotómetro (UV/vis)	Beckman coulte DU530, (Reino Unido)
Aparelho de termociclagem	Eppendorf, (Alemanha)
Vórtice	Fisher Scientific, (EUA)
Banho de água	GFL, (Alemanha)
Destilador de água	GFL, (Alemanha)

2.2.1. Produtos químicos

Os produtos químicos utilizados no estudo estão listados na tabela (2-2).

Quadro 2-2: Lista de produtos químicos

Produtos químicos	Fabricante
1% SDS	Fluka, (Suíça)
Amida acrílica	Biobasic, (Canadá)

Ágar	Himedia (Índia)
Agarose	Promega, (EUA)
Persulfato de amónio	Biobasic, (Canadá)
Ampicilina	Himedia (Índia)
Amida bis-acrílica	Biobasic, (Canadá)
Albumina de soro bovino (BSA)	MERK, (Alemanha)
Petróleo bruto	Campo de Rumaila Norte
Água desionizada	Bioneer, (Coreia)
Marcador de tamanho molecular de ADN (100bp- 4500bp-1Kbp)	Bioneer, (Coreia)
Eco RI (RE)	Bioneer, (Coreia)
EDTA	Sigma (Alemanha)
Etanol (absoluto)	BDH, (Inglaterra)
Ácido acético glacial	Applichem, (Alemanha)
Glicerol	Fluka, (Suíça)
Glicina	Fisher, (EUA)
HCl	Fluka, (Suíça)
Hind III (RE)	Bioneer, (Coreia)
Cristais de iodo	Himedia (Índia)
IPTG	Promega, (EUA)
Isopropanol	Fluka, (Suíça)
K_2HPO_4	Himedia (Índia)
KH_2PO_4	Himedia (Índia)
KNO_3	Inglaterra,Oxoid
Lactose	Fluka, (Suíça)
Ligase	New England Biolabs, (EUA)
mistura principal	Bioneer, (Coreia)
Metanol	BDH, (Inglaterra)
$MgSO_4$	Inglaterra,Oxoid
Óleo mineral	Fluka, (Suíça)
NaCl	Fluka, (Suíça)
NaOH	Fisher, (EUA)
N-Hexano (95% ±)	Sigma (Alemanha)
Solução salina normal	Bioneer, (Coreia)
Tampão fosfato	Sigma (Alemanha)
Marcador de proteínas (10-180 kDa)	Smobio, (China)
Ácido sulfúrico ($H_2 SO$)$_4$	Applichem, (Alemanha)

Tampão TBE	Bioneer, (Coreia)
TEMED	Bio basic, (Canadá)
Tris-base (hidroxilmetilamino metano)	Promega, (EUA)
Tris-HCl	Promega, (EUA)
p-Mercaptoetanol	Fluka, (Suíça)

Os corantes e indicadores utilizados neste estudo estão listados na tabela (2-3).

Quadro 2-3: Manchas e indicadores

Manchas e indicadores	Origem
Violeta Cristal	Himedia (Índia)
Brometo de etídio	Bio basic, (Canadá)
Safranina	Himedia (Índia)
Azul de bromofenol	Fisher, (EUA)
Coomassie azul brilhante R-250	Fisher, (EUA)

2.2.2. Corantes e indicadores
2.2.3. Estirpe bacteriana e plasmídeo

A Tabela (2-4) mostra a estirpe bacteriana e o vetor de plasmídeo utilizados no estudo.

Quadro 2-4: Estirpe bacteriana e plasmídeo

Estirpe bacteriana e plasmídeo	Origem
E.coli BL21(DE3)	New England Biolabs, (EUA)
Vetor de plasmídeo pET-21a(+)	Novagen, (Alemanha)

2.2.4. Os kits

A tabela (2-5) apresenta os kits utilizados no presente estudo.

Tabela 2-5: Os kits

Os kits	Origem
Kit de extração de ADN	Qiagen, (Alemanha)
Kit de purificação de plasmídeos	Qiagen, (Alemanha)
Kit de extração de gel	Qiagen, (Alemanha)
Mestre PCR Green 2X	Wizbiosolutions, (Coreia)

2.2.5. Meios de cultura

Os meios de cultura utilizados no estudo, tal como indicado no quadro (2-6), foram preparados de acordo com as instruções do fabricante.

Quadro 2-6: meios de cultura comerciais

Médio	Origem
Meio nutriente, caldo e ágar	Himedia (Índia)
Meio Luria Bertani, Caldo e Ágar	Himedia (Índia)
Base de ágar de isolamento de	Himedia (Índia)

Pseudomonas	
Ágar MacConkey	Himedia (Índia)
Bushnell e Haas medium	Laboratório preparado
SOC médio	New England Biolabs, (EUA)

O meio Bushnell e Haas para o isolamento de bactérias degradadoras de óleo foi preparado de acordo com (Habib *et al.*, 2017) Os componentes do meio são apresentados na tabela (27), o pH ajustado para cerca de (7,0), esterilizado por autoclavagem a 15 lbs/inch^2 pressão, 121°C durante 15 minutos.

Quadro 2-7: Média Bushnell e Haas

Não.	Componente	g/L D.W
1	MgSO4	0.2
2	K2HPO4	1.0
3	KH2PO4	1.0
4	NH4NO3	1.0
5	FeCls	0.05
6	CaCl2	0.02
7	NaCl	1.4

2.3. Métodos

2.3.1. Recolha das amostras de solo

Aproximadamente 0,5Kg (10-15cm de profundidade) de amostras de solo foram recolhidas de cinco fontes diferentes, como mostra a figura (2-1), que eram ricas em contaminação por petróleo (a coordenação foi listada na tabela (2-8)) com a ajuda de uma espátula estéril e sacos de plástico. Todas as amostras recolhidas foram transportadas para o laboratório e armazenadas a 4°C até serem utilizadas no isolamento de bactérias degradadoras de hidrocarbonetos.

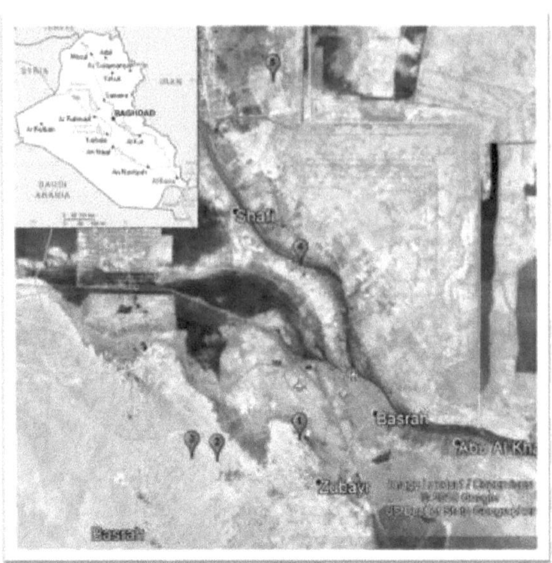

Figura 2-1: Estações de amostragem: 1: Segunda unidade de refinação / refinaria de Shuaiba 2: Sul de Rumaila 3: Al-Toba e Al-Nakhaila 4: Nurhan Omar 5: Al Qurna

Os solos foram peneirados a 2 mm e foram reservadas subamostras de 250 g para a deteção de parâmetros físico-químicos; foram efectuados testes de pH e salinidade.

Quadro 2-8: Coordenação das estações de amostragem

Não.	Latitude	Longitude
1	30°27'17.35 "N	47°39'42.00 "E
2	30°25'6.53 "N	47°29'35.71 "E
3	30°25'24.70 "N	47°26'32.30 "E
4	30°45'5.91 "N	47°39'52.86 "E
5	31° 3'58.28 "N	47°36'33.23 "E

2.3.2. Deteção do pH e da salinidade do solo

O pH do solo foi determinado em suspensões de solo em água em triplicado, conforme descrito em (Hakima e Ian, 2017). Vinte e cinco gramas de solo foram agitados continuamente com 50 ml de água desionizada durante 15 minutos e deixados a equilibrar durante mais 15 minutos. O medidor de pH foi imerso no sobrenadante e foi rodado suavemente antes de registar o pH, enquanto a salinidade foi detectada utilizando um multímetro e registada como g/l.

2.3.3. Isolamento e purificação de bactérias degradadoras de hidrocarbonetos

De acordo com o método de isolamento modificado de (Thomas *et al.*, 2016); a amostra de solo foi obtida pela adição de 1 g de solo contaminado com óleo à tabela de meios de Bushnell e Haas (2-7) contendo 1% de óleo cru esterilizado como única fonte de carbono e incubada durante 7 dias a *30* C numa incubadora com agitador a 150 rpm. Após uma semana, 2 ml da suspensão do meio de cultura foram transferidos para um novo meio com as mesmas condições, a densidade ótica (OD600nm) e o pH dos meios de cultura durante os 7 dias de incubação foram observados e registados como índices de crescimento, 0,1 ml das bactérias em crescimento no meio de cultura foram semeados numa placa de Petri contendo ágar nutriente e ágar de isolamento de *Pseudomonas*, em seguida foram colhidas colónias individuais puras do meio de cultura após a realização de 10^{-5} fator de diluição utilizando água destilada estéril.

2.3.4. Deteção bioquímica dos isolados

Foram efectuados testes bioquímicos (coloração de Gram, forma das células, teste da catalase, teste da oxidase) e, em seguida, a identificação foi confirmada através da sequenciação do gene 16S rRNA.

2.3.5. Coloração de Gram e forma das células

A coloração de Gram foi efectuada para distinguir entre espécies bacterianas gram +ve e gram -ve, bem como para detetar a morfologia das estirpes ao microscópio, de acordo com (Barrow e Feltham, 2004).

2.3.5.1. Teste da catalase

O teste da catalase foi efectuado de acordo com (MacFaddin, 2000) da seguinte forma:

Uma única colónia foi transferida para uma lâmina limpa utilizando um bastão de madeira e, em seguida, foi adicionado o reagente de catalase (algumas gotas); a formação de bolhas de gás indica um resultado positivo.

2.3.5.2. Teste da oxidase

O teste da oxidase foi efectuado de acordo com (Brown e Smith, 2014), como se segue:

Um pedaço de papel de filtro foi embebido numa placa de Petri esterilizada com a solução reagente, depois foi raspado algum crescimento fresco da placa de cultura (24 horas) com uma ansa descartável e esfregaço no papel de filtro tratado, o roxo escuro. Indica um resultado positivo.

2.3.6. Extração e purificação de ADN

A extração e a purificação do ADN foram realizadas de acordo com as instruções da empresa Qiagen:

**2.3.6.1.	Bactérias Gram -ve:**

1. As bactérias foram cultivadas em ágar nutriente durante 24 horas.

2. Quinhentos il da amostra (contendo aproximadamente 0,5-1,5 109 células) foram transferidos para um tubo eppendorff de 1,5 ml.

3. Para sedimentar as células, a amostra foi centrifugada a 16000 xg durante 2 minutos.

4. Utilizou-se uma pipeta para eliminar cuidadosamente o sobrenadante.

5. Adicionou-se um volume de 180 pl de tampão GT ao sedimento de células e, em seguida, ressuspendeu-se com um vórtex.

6. Foi adicionado um volume de 20 pl de proteinase K (diluída em ddH_2 O).

7. A amostra foi incubada num banho de água a 60 C durante 10 minutos, com inversão de 3 em 3 minutos.

8. Adicionou-se tampão GB (200 pl) à amostra, agitando-se em seguida no vórtice durante 10 segundos.

9. A amostra foi incubada num banho de água a 70 C durante 10 minutos.

O tubo seco da coluna GD foi transferido para um tubo de microcentrífuga de 1,5 ml limpo e, em seguida, foram adicionados 100 ml de tampão de eluição pré-aquecido ao centro da matriz da coluna.

10. Deixou-se o tampão de eluição absorver completamente durante 3 minutos e centrifugou-se a 16000 xg durante 30 segundos para eluir o ADN purificado.

**2.3.6.2.	Bactérias Gram +ve:**

1- As bactérias foram cultivadas durante a noite.

2- Quinhentos pl de uma amostra (contendo aproximadamente 0,5-1,5 $*10^9$ células) foram transferidos para um tubo de microcentrifugação de 1,5 ml.

3- Para sedimentar as células, a amostra foi centrifugada a 16000 xg durante 2 minutos.

4- A pipeta foi utilizada para eliminar cuidadosamente o sobrenadante.

5- Transferiu-se um volume de 200 pl de tampão Gram+ para um tubo de centrifugação de 1,5 ml.

6- Adicionou-se lisozima (0,8 mg/200pl) a um tubo de centrifugação de 1,5 ml e agitou-se em vórtice para dissolver completamente a lisozima.

7- Foi adicionado um volume de 200 pl de tampão Gram+ (contendo lisozima) à amostra de um tubo de centrifugação de 1,5 ml e, em seguida, o sedimento foi suspenso por um vórtex.

8- A suspensão foi incubada num banho de água a 37 C durante 30 minutos, com inversão de 10 em 10 minutos.

9- Adicionou-se um volume de 20 pl de protenase K (diluída em ddH2O) e agitou-se em vórtice.

10- A suspensão foi incubada num banho de água a 60 C durante 10 minutos, com inversão de 3 em 3 minutos.

11- Adicionou-se tampão GB (200 pl) à amostra e misturou-se no vortex durante 10 segundos.

12- A amostra foi incubada num banho de água a 70 C durante 10 minutos.

13- O tubo seco da coluna GD foi transferido para um tubo de microcentrifugação de 1,5 ml limpo, tendo sido adicionados 100 ml de tampão de eluição pré-aquecido ao centro da matriz da coluna.

14- Deixou-se o tampão de eluição absorver completamente durante 3 minutos e depois centrifugou-se a 16000 *xg* durante 30 segundos para eluir o ADN purificado.

2.3.7. Eletroforese em gel de agarose

O gel de agarose foi preparado de acordo com (Sambrook e Russell, 2001). Para preparar o gel de agarose a 1%, adicionaram-se 0,25 g de agarose em pó a um copo com 25 ml de tampão TBE 1X. Utilizando o micro-ondas, aqueceu-se a mistura até as partículas de gel se dissolverem completamente e deixou-se arrefecer a 50-60°C. Em seguida, adicionaram-se 2 ml de brometo de etídio e misturou-se bem.

2.3.7.1.   A moldagem do gel de agarose horizontal

1. As barragens de moldagem foram colocadas nas extremidades do tabuleiro de gel.

2. Para fazer os poços utilizados para carregar as amostras de ADN, o pente foi fixado numa extremidade do tabuleiro.

3. A solução de agarose com brometo de etídio foi vertida lentamente no tabuleiro de gel e deixada arrefecer.

4. O pente e as barragens de moldagem foram cuidadosamente removidos após o arrefecimento e o gel foi colocado na cuba de eletroforese. A cuba foi enchida com tampão TBE até cerca de 3-5 mm sobre a superfície do gel.

2.3.7.2.   Carregamento e execução de ADN em gel de agarose

1. Foram misturados 7 il de ADN e 3 il de azul de bromofenol (corante de carga) e carregados nos poços construídos no gel de agarose a 1%.

2. O pólo elétrico catódico foi ligado ao lado dos poços, enquanto o ânodo foi ligado ao outro lado.

3. A tensão foi fixada em 80 V até o azul de bromofenol (corante de rastreio) atingir o outro lado do gel.

4. As bandas de ADN foram detectadas e visualizadas sob luz UV do sistema computorizado de documentação em gel.

2.3.8. Identificação das bactérias que degradam os alcanos

As bactérias isoladas foram identificadas utilizando a sequenciação do gene 16S rRNA. O primer universal utilizado foi: forward 27F

(5'AGAGTTTTGATCCTGGCTCAG'3) e reverse 1492R (5'GGTTACCTTGTTACGACTT'3), tal como descrito em (Miyoshi *et al.*, 2005), o programa de PCR seguido é apresentado na tabela (2-9).

Quadro 2-9: Programa PCR para a deteção do gene 16S rRNA

Estágio	Temp.	Tempo	ciclos
desnaturação inicial	96°C	3 min	1
desnaturação	96°C	30 seg.	
recozimento	56°C	25 seg.	27
extensão	72°C	15 seg.	
extensão final	72°C	10 min	1
Tempo de espera	4°C		

As condições de reação da amplificação do gene 16S rRNA foram realizadas de acordo com os volumes e concentrações indicados nas instruções do kit, conforme indicado na tabela (2-10).

Quadro 2-10: Reação PCR 20pl para amplificação do gene 16S rRNA

Componente	Volume	Conc. Final
Mistura principal verde WizPure PCR, 2X	10pl	1 x
Primário de avanço	0,5pl	1pM
Primário inverso	0,5pl	1pM
Modelo de ADN	2 pl	50ng
Água livre de nuclease	7pl	
Volume total	20pl	

O ADN amplificado detectado foi carregado e processado como na secção 2.3.7, além de se utilizar o marcador de tamanho molecular do ADN como padrão no sistema de eletroforese. As sequências nucleotídicas amplificadas foram comparadas de acordo com o National Centre for Biotechnology Information (NCBI).

2.3.9. Construção de uma árvore filogenética

O software Geneious Prime 2019 versão 1.1 (https://www.geneious.com) foi utilizado para detetar a semelhança das sequências. As sequências mais semelhantes foram recuperadas para cada amostra. A árvore filogenética das bactérias degradadoras de óleo identificadas foi construída depois que as sequências foram alinhadas e cortadas para que o processamento fosse feito com o mesmo comprimento. O alinhamento de sequências múltiplas e a relação evolutiva foram determinados comparando as sequências de ADN obtidas a partir da etapa de sequenciação com os resultados BLAST obtidos a partir do NCBI. Estas relações foram construídas e a árvore foi desenhada utilizando (método Neighbour-Joining) aplicado no software Geneious Prime 2019 versão

1.1 que foi descarregado do sítio Web oficial.

2.3.10. Deteção do gene *alkB*

A reação em cadeia da polimerase (PCR) foi realizada para amplificar o gene *alkB* (1206 pb) figura (2-2) para as estirpes isoladas, a tabela (2-11) mostra o conjunto de primes suportado com sítios de restrição de *Eco* RI no primer forward mais (CAG) como região flanqueadora e *liind\W* no primer reverse mais (GAC) como região flanqueadora, a tabela (2-12) mostra os detalhes do programa PCR, a temperatura de recozimento foi fixada por PCR em gradiente.

Quadro 2-11: conjunto de primes para a amplificação do gene *alkB* apoiado em sítios de restrição *EcoRI* no primer forward mais (CAG) como região de flanqueamento e *HindIW* no primer reverse mais (GAC) como região de flanqueamento

primers *alkB*	Sequência	Teor de GC (%)	Produto PCR[(b] p)	Referência
Avançar	5'- cagGAATTCatgcttgagaaacacagagttc -3'	41%	1224	Atual estudo
Inverter	5'- gacAAGCTTctacgatgctaccgcagagg -3'	60%		

Quadro 2-12 : Programa PCR para a deteção do gene *alkB*

Estágio	Temp.	Tempo	Ciclos
Pré-desnaturação	94°C	5 min	1
Desnaturação	94°C	1 min	35
Recozimento	50°C	30 s	
Extensão	72°C	30 s	
Extensão final	72°C	7 min	1
Tempo de espera	4°C		

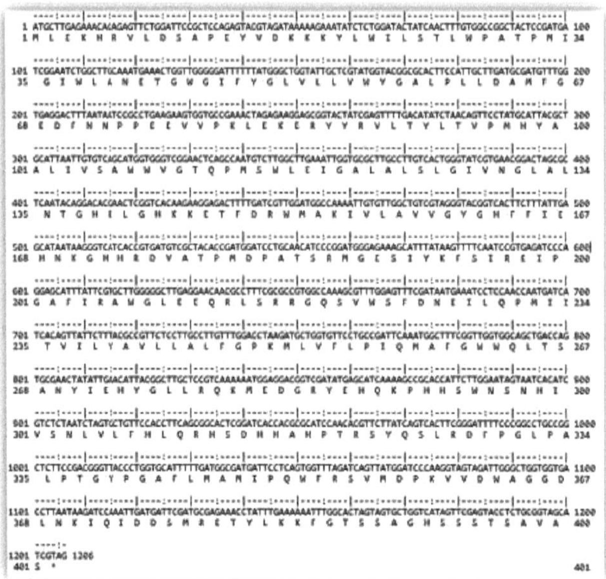

**Figura 2-2: Sequência de nucleótidos e aminoácidos traduzidos do *gene alkB*
(Centro Nacional de Informação Biotecnológica, 2020) GenBank: AVZ33125.1**

2.3.10.1.   Purificação do produto amplificado por PCR

O kit de extração de gel (QIAGEN) foi utilizado para a purificação dos produtos de PCR amplificados, conforme indicado nos passos seguintes:

1.   O fragmento de ADN foi retirado do gel de agarose com um bisturi limpo e afiado e o tamanho da fatia de gel foi minimizado através da remoção de agarose adicional.

2.   Cerca de 300 mg de fatia de gel com ADN foram adicionados a um tubo Eppendorf (1,5 ml) e, em seguida, foram adicionados 900 pl de Buffer QG ao tubo.

3.   O tubo Eppendorf foi incubado a 50°C durante 10 minutos com uma mistura, agitando o tubo de 3 em 3 minutos durante a incubação, até a fatia de gel se dissolver completamente e a cor da mistura ficar amarela.

4.   Adicionou-se um volume de isopropanol (300 pl) à amostra e misturou-se.

5.   Colocou-se uma coluna de centrifugação QIAquick num tubo de recolha de 2 ml fornecido.

6.   Para ligar o ADN, a amostra foi aplicada à coluna QIAquick e centrifugada durante 1 minuto.

7.   O fluxo foi rejeitado e a coluna QIAquick foi colocada novamente no mesmo tubo de recolha. Os tubos de recolha foram reutilizados para reduzir os resíduos de plástico.

8. Foi adicionado um volume de 0,5 ml de tampão QG à coluna QIAquick e centrifugado durante 1 min. para remover todos os vestígios de agarose.

9. Para lavar, foi adicionado um volume de 0,75 ml de tampão PE à coluna QIAquick e centrifugado durante 1 min.

10. O fluxo foi rejeitado e a coluna QIAquick centrifugada durante mais 1 minuto a 13.000 rpm.

11. A coluna QIAquick foi colocada num tubo de microcentrifugação limpo de 1,5 ml.

12. Para eluir o ADN, adicionou-se um volume de 30 pl de Buffer EB (10 mM Tris-Cl, pH 8,5) ao centro da membrana QIAquick e centrifugou-se a coluna durante 1 min a 13 000 rpm. O ADN extraído foi armazenado a -20°C para trabalhos posteriores.

2.3.10.2. Análise de sequenciação do gene *alkB*

Para confirmar a presença do gene *alkB* nos produtos de PCR, foram preparados 10 ng/pl (15 pl) de produtos de PCR purificados e 10 pmol/pl (15 p l) do iniciador direto e do iniciador inverso, que foram enviados para sequenciação para a Beijing Aoke Dingsheng Biotechnology Company, China.

Os resultados da sequência foram analisados utilizando a ferramenta Basic Local Alignment Search Tool "BLAST" para procurar sequências homólogas na base de dados do National Center for Biotechnology Information (NCBI) (National Centre for Biotechnology Information, 2020).

2.3.11. A importância dos plasmídeos para a capacidade de biodegradação

Para determinar se os isolados bacterianos com a capacidade de biodegradação de alcanos transportam o seu próprio gene de n-alcanos no plasmídeo ou no ADN cromossómico, os plasmídeos de *Pseudomonas aeruginosa* foram removidos através do protocolo de cura de plasmídeos, como se mostra a seguir, e depois foi concebida uma experiência para comparar a capacidade de biodegradação entre *a Pseudomonas aeruginosa* curada com plasmídeos e a não curada, como se mostra a seguir:

2.3.11.1. Cura de plasmídeos por laranja de acridina

A cura do plasmídeo foi efectuada de acordo com (Isiodu *et al.*, 2016):

1- As células bacterianas de *Pseudomonas aeruginosa* foram cultivadas em caldo durante uma noite.

2- Foram preparados cinco ml de caldo nutriente suplementado com 0,1 mg/ml de laranja de acridina.

3- Os organismos foram subcultivados em caldo nutritivo contendo laranja de acridina.

4- Incubado a 37°C durante três dias.

5- Em seguida, foram colocados em placas de ágar nutriente.

6- As colónias capazes de crescer em ágar nutriente foram isoladas e consideradas curadas.

7- Estas colónias foram submetidas a um perfil de plasmídeos para confirmar a perda de plasmídeos.

2.3.11.2. Isolamento de plasmídeos bacterianos

Os plasmídeos foram isolados de acordo com as instruções do kit Qiagen, tal como descrito abaixo:

1- As células bacterianas foram cultivadas durante a noite em caldo nutriente (5 ml) e, em seguida, 1 ml do crescimento bacteriano foi separado por centrifugação a 10.000 rpm durante 15 minutos a 4°C.

2- O sedimento bacteriano foi ressuspendido por mistura em 300Щ de tampão P1 (a solução de RNase A foi previamente adicionada ao tampão P1, misturada e armazenada a 2-4 C).

3- Em seguida, adicionou-se 300Щ de tampão P2 (o reagente LyseBlue foi previamente adicionado ao tampão P1 numa proporção de 1:1000) e misturou-se bem, invertendo vigorosamente 6 vezes e incubando à temperatura ambiente (20°C) durante 5 min., a solução fica azul.

4- Adicionaram-se trezentos microlitros de tampão P3 previamente arrefecido e centrifugou-se a 13500 rpm durante 10 minutos a 4C; o sobrenadante tornou-se límpido.

5- Adicionou-se 1 ml de tampão QBT e a coluna foi esvaziada por gravidade.

6- Adicionou-se o sobrenadante da etapa 4, deixando-o entrar na resina por fluxo gravitacional.

7- Utilizou-se um volume de 2 ml de tampão QC para lavar a QIAGEN-tip (duas vezes), permitindo que o tampão QC se movesse através da QIAGEN-tip por fluxo gravitacional.

8- Foi utilizado um volume de 800 Щ de tampão QF para eluir o ADN para um recipiente limpo de 2 ml. (o tampão de eluição foi pré-aquecido a 65°C, o que pode ajudar a aumentar o rendimento).

9- Para precipitar o ADN plasmídico, adicionaram-se 560 µl de isopropanol à temperatura ambiente ao ADN plasmídico eluído, misturou-se e rejeitou-se cuidadosamente o sobrenadante após centrifugação a 14000 rpm durante 30 min a 4C.

10- O sedimento de ADN plasmídico foi lavado com 1 ml de etanol a 70% à temperatura ambiente e centrifugado a 14000 rpm durante 10 minutos, sendo depois o sobrenadante cuidadosamente eliminado.

11- O sedimento foi seco ao ar durante 10 minutos e o ADN do plasmídeo foi redissolvido em 40 ml de tampão TE, pH 8,0.

2.3.11.3. Confirmação da perda de plasmídeo (perfil de plasmídeo)

1- Os plasmídeos foram isolados utilizando o kit de isolamento de plasmídeos, tal como descrito na secção 2.3.12.2.

2- A eletroforese em gel foi realizada conforme descrito na secção 2.3.7 para detetar a presença de plasmídeos.

3- Os resultados previstos são os seguintes:

A. Sem bandas no gel, este resultado indica a perda de plasmídeos e o sucesso do procedimento de cura dos plasmídeos.

B. O aparecimento de bandas no gel, este resultado indica a presença de plasmídeos e falha o procedimento de cura do plasmídeo.

2.3.11.4. Conceção experimental

1- Preparar o meio BHM com petróleo bruto a uma concentração de 0,5% v/v.

2- A experiência final incluiu três cenários, como se segue:

A. Bactérias curadas com plasmídeos: foram inoculadas no meio BHM contendo petróleo bruto (0,5% v/v).

B. Bactérias não curadas com plasmídeos: também foram inoculadas no meio BHM contendo petróleo bruto (0,5% v/v).

C. Controlo: O meio BHM contendo óleo bruto (0,5% v/v) foi incubado sem inóculo.

3- Após 7 dias de incubação, o óleo bruto residual foi extraído e separado em fracções alifáticas e aromáticas.

4- A fração alifática foi enviada para o laboratório de GC

5- Os gráficos de GC foram traçados e a percentagem de biodegradação foi calculada.

2.3.12. Recombinação do gene *alkB* no plasmídeo pET-21a(+)

2.3.12.1. Preparação da pastilha

A inserção foi preparada e purificada conforme descrito nas secções 2.3.11.

2.3.12.2. Digestão do plasmídeo pET-21a(+) e do gene *alkB* com *EcoRI* e Enzimas de restrição *HindI* II.

A reação de restrição foi realizada de acordo com (Mustafa, 2011) em 50pl de volume de reação de substâncias com quantidades relacionadas, conforme indicado nas tabelas (2-13) e (2-14). A reação foi realizada a 37°C durante 60 minutos, o gene *alk B* purificado foi digerido com ambas as enzimas e, em seguida, o vetor plasmídico pET 21a(+) foi digerido com as mesmas enzimas, tendo o passo de inativação sido realizado por incubação a 80°C durante 15 minutos.

Tabela 2-13: Substâncias e quantidade de digestão do plasmídeo pET 21a(+) procedimento por *EcoRI* e *Hind* III

Substância	Quantidade

Plasmídeo pET 21a(+) (1 pg/pl)	20 pl
Tampão de reação da enzima de restrição	5 pl
Tampão de diluição da enzima de restrição	5 pl
ddH2O	16 pl
Eco R I (20U/pl)	2 pl
Hind III (20U/pl)	2 pl
Volume total da reação	50pl

Tabela 2-14: Substâncias e quantidade do procedimento de digestão do gene *alkB* por EcoRI

e *Hin* d III

Substância	Quantidade
Gene *alkB* purificado	20 pl
Tampão de reação da enzima de restrição	5 pl
Tampão de diluição da enzima de restrição	5 pl
ddH2O	16 pl
Eco R I (20U/pl)	2 pl
Hind III (20U/pl)	2 pl
Volume total da reação	50pl

2.3.12.3. Purificação do plasmídeo pET 21a (+) digerido e do gene *alkB* por

Enzimas de restrição *Eco* RI e *Hind* III.

O plasmídeo pET 21a (+) digerido foi electroforeseado em gel de agarose a 1% e purificado a partir do gel como na secção (2.3.10.1), enquanto o gene *alkB* digerido foi purificado a partir da reação de digestão utilizando o mesmo kit de extração de fragmentos de ADN por Gel/PCR (Qiagen), com a única exceção de que foram utilizados 40 pl da reação de digestão em vez de uma fatia de gel.

2.3.12.4. Ligação do gene *alkB* ao vetor pET-21a(+)

Os componentes listados na tabela (2-15) foram utilizados no processo de ligação de acordo com o manual do kit New England biolab:

Tabela 2-15: Ligação do gene *alkB* ao vetor pET-21a(+)

Componentes	20 pl volume de reação
Tampão de reação da T4 DNA ligase (10X)	2 pl
Vetor pET-21a (+)	1 pl
Inserir	5 pl
Água sem nuclease	11 pl
T4 DNA ligase (adicionar por último)	1 pl

Volume total da reação	20 pl

Os componentes da reação foram completamente misturados por pipetagem e rapidamente centrifugados num tubo de microcentrifugação, depois incubados a 16°C durante 10 minutos, seguidos de inativação pelo calor durante 10 minutos, a 65°C. O plasmídeo recém-construído foi designado por pET- 21a(+)-*alkB*.

2.3.13. Transformação de células competentes

2.3.13.1. Preparação da solução-mãe de ampicilina (100mg/ml)

De acordo com o protocolo suportado, recomenda-se 100mg/ml; foram utilizados 10 ml de água destilada estéril para dissolver 1 g de ampicilina em pó, a solução foi mantida a 4°C.

2.3.13.2. Meio de crescimento para células competentes *de E. coli*

1- Preparação do meio LB (meio de caldo Luria Bertani):

O peso de 2,5 gramas foi suspenso em 100 ml de água destilada, depois aquecido para dissolver completamente o meio, o pH do meio foi ajustado para 7,5, depois esterilizado em autoclave a 15 lbs de pressão (121°C) durante 15 minutos, depois deixado arrefecer à temperatura ambiente e depois utilizado.

2- Preparação do meio LB (meio Luria Bertani Agar):

Foram suspensos 2,5 g de peso e 1,5 g de ágar em 100 ml de água destilada, depois aquecidos para dissolver completamente o meio, o pH do meio foi ajustado para 7,5, depois esterilizado por autoclavagem a 15 lbs de pressão (121 °C) durante 15 minutos e depois deixado arrefecer a 50 °C. Deitou-se aproximadamente 25 ml de meio por placa de Petri e deixou-se solidificar. As placas foram então embaladas em condições estéreis e armazenadas a 4 °C até à sua utilização.

2.3.13.3. Preparação da solução-mãe de IPTG 0,1M

De acordo com o protocolo suportado, recomenda-se 0,1M de IPTG, e o peso do IPTG foi calculado de acordo com a equação abaixo.

1. Dissolveu-se 0,6 g de IPTG em 25 ml de água destilada estéril e armazenou-se a 4°C.

2. Humedecer previamente o filtro de seringa de 0,22 cm, introduzindo 5-10 ml de água desionizada esterilizada e, em seguida, deitar fora a água.

3. Esterilizar a solução-mãe de IPTG por filtração.

Armazenar cada 2 ml separadamente para utilização posterior até 1 ano.

MW = 238,31

$Peso = M * MW *$

к 1000 *J*

$Peso = 0,1 * 238,31 * (-\}$

кIOOO/

$Peso = 0,6$ g

**2.3.14.   Transformação da estirpe *E. coli* BL21(DE3) com pET-21a(+) -
alkB pelo método do choque térmico .**

O procedimento de transformação foi efectuado de acordo com o protocolo
fornecido de *E.coli* BL21(DE3), conforme os passos abaixo:

1- O tubo de células competentes de *E. coli* BL21(DE3) foi descongelado em
gelo até desaparecerem os últimos cristais de gelo, depois 50 pl de células foram
pipetados suave e cuidadosamente e adicionados a um tubo Eppendorf de 1,5 ml
em gelo.

2- Foi adicionado à mistura de células um volume de 5 pl contendo 50 ng do
plasmídeo clonado pET-21a(+)-*alkB* e, em seguida, o tubo foi agitado
cuidadosamente 5 vezes para misturar as células e o ADN.

3- A mistura foi colocada em gelo durante 30 minutos sem ser misturada.

4- O choque térmico a exatamente 42°C durante exatamente 10 segundos foi
aplicado sem mistura.

5- A mistura foi colocada em gelo durante 5 minutos sem ser misturada.

6- Foram adicionados à mistura 950 pl de SOC à temperatura ambiente.

7- A mistura foi colocada a 37°C durante 60 minutos e agitada vigorosamente
(250 rpm) ou rodada.

8- As placas de seleção de ágar ampicilina (100 iig /ml) foram aquecidas a
37°C.

9- As células foram bem misturadas, agitando o tubo e invertendo-o, e depois
efectuaram-se várias diluições em série de 10 vezes em SOC.

10- O volume de 100 Lil de cada diluição foi espalhado numa placa de seleção e
incubado durante a noite a 37°C.

2.3.15.   Confirmação da clonagem e da transformação

2.3.15.1.   PCR de colónias

Para distinguir as colónias que albergam o ADN recombinante, de acordo com
(Abdalla, 2013) com ligeiras modificações, foi utilizada uma ponta esterilizada
para transferir uma pequena porção de uma única colónia para 200pl de água
sem nuclease em 500ц! Ependorf estéril. Para gerar colónias a partir desta única
colónia, a mesma ponta foi misturada com 2ml de meio de caldo LB suportado
com ampicilina e vortex, depois o tubo Ependorf contendo a mistura de pequena
porção de uma única colónia e água sem nuclease foi incubado num banho de
água a 100°C durante 10 min, depois centrifugado a 1300rpm durante 30 seg.,
para obter um modelo para a reação de PCR; foram retirados 5 ц 1 do
sobrenadante.

A colónia de PCR foi realizada para amplificar o *alkB* utilizando os primers do
promotor T7 e do terminador T7 (concebidos pela Novagen), conforme indicado
na tabela (2-16).

Tabela 2-16: Primers do promotor T7 e do terminador T7 para a colónia de PCR para a deteção do gene *alkB* inserido em *E. coli* competente BL21 (DE3)

Conjunto de primers T7	Sequência	Teor de GC (%)	Produto PCR (bp)	Referência
Promotor T7 para a frente	'5 -TAATACGACTCACTATAGGG-3'	40%	1452	(Brown, 2008; Khani *et al*, 2019)
Terminador T7 Reverso	'5 -GCTAGTTATTGCTCAGCGG-3'	52%		

Tal como descrito em (Brown, 2008), a reação de PCR de colónia foi montada da seguinte forma: 10 il de modelo de ADN sobrenadante, 1 il de primer forward T7 promoter (10 imol), 1 il de primer reverse T7 terminator (10 ^mol), 13 il de H_2 O e 25 il de Master mix. A reação de PCR foi realizada no termociclador. A reação foi a seguinte Desnaturação inicial a 95 C durante 2 min; 30 ciclos de 95 C durante 45 seg., 58 C durante 45 seg. e 72 C durante 45 seg.; elongação final a 72 C durante 2 min., depois mantida a 4 C. A reação de PCR foi analisada por eletroforese em gel de agarose a 1%, tal como descrito anteriormente, para determinar o tamanho do produto da PCR.

Uma das colónias de referência que foi determinada como sendo um transformante bem sucedido foi utilizada para armazenamento a longo prazo e para todo o trabalho subsequente.

2.3.15.2. Isolamento e restrição do plasmídeo recombinante

A *E. coli* recombinante foi cultivada durante a noite em caldo nutriente (5 ml) com ampicilina e 1 ml de células foi separado por centrifugação a 10 000 rpm durante 15 minutos a 4 °C. Os plasmídeos construídos foram isolados de acordo com as instruções do kit Qiagen, tal como descrito na secção 2.3.11.1.

A análise da digestão por enzimas de restrição utilizando *EcoRI* e *HindIII* para o plasmídeo recombinante foi efectuada conforme descrito na secção (2.3.12.2) e electroforizada em gel de agarose (1%), assim como o plasmídeo pET-21a(+) nativo.

2.3.16. Cultivo de *E. coli* e preparação de stock de glicerol

A placa de ágar LB de colónias individuais transformadas foi incubada a 37°C, depois uma única colónia recombinante de *E.coli* BL21(DE3) foi transferida para 5ml de caldo LB contendo 5 il de (50^g/ml) ampicilina e incubada durante 24 horas a 37°C. A preparação do stock foi efectuada misturando 300Щ de glicerol a 50% com 700Щ de cultura fresca da noite para o dia e, em seguida, o stock foi armazenado a -80°C (Sambrook e Russell, 2001).

2.3.17. Determinação da concentração de proteínas

2.3.17.1. Ensaio de concentração de proteínas

A concentração de proteínas foi determinada de acordo com o método de (Bradford, 1976).

Soluções e manchas:
- Solução a   95% de etanol   (1)
- Solução a 85% de ácido fosfórico (2)
-      Solução de Coomassie blue G250   (3)

A solução (3) foi preparada pesando 0,1 g da coloração de Commasie e dissolvendo-a em 50 ml da solução (1), adicionando em seguida 100 ml da solução (2) e completando o volume final para 1 L. por D.W.

-Albumina de soro bovino (BSA) 2mg/ml

Foi preparado dissolvendo 0,2 g de proteína padrão (BSA) num determinado volume de água destilada, completando-se o volume para 100 ml de água destilada.

2.3.17.2.   Curva padrão de BSA

1. A solução diluída de azul de Coomassie foi preparada na proporção de 1:4 (V:V); (solução 3: D.W.), verificar a solução (3) na secção 2.3.18.1.

2. As soluções da curva-padrão de BSA foram preparadas em dois grupos de tubos:

Grupo -1: O volume de 0,04 ml de cada concentração final das soluções de proteína BSA da tabela (2-17) foi misturado com 2 ml de solução diluída de azul de Coomassie.

Grupo-2: (Soluções em branco) Misturou-se um volume de 0,04 ml de D.W. com 2 ml de solução diluída de azul de Coomassie.

Tabela 2-17: Soluções padrão de proteína BSA

Número do tubo	Solução de BSA (ml)	D.W. (ml)	Concentrações finais de proteína BSA (mg/ml)
1	0.25	10	0.05
2	0.5	10	0.1
3	0.75	10	0.15
4	1	10	0.2
5	1.25	10	0.25
6	1.5	10	0.3
7	1.75	10	0.35
8	2	10	0.4
9	2.25	10	0.45

3. Foi utilizado um espetrofotómetro para determinar a absorvância do grupo (1) em comparação com os espaços em branco do grupo (2) a 595 nm.

4. A relação entre a absorvância e a concentração de proteína padrão (BSA) foi esboçada pelo Microsoft Excel para criar a curva padrão.

**2.3.18.	Expressão do gene *alkB* em *E.coli* BL21 pET-21a(+)(*alkB*)**

De acordo com o procedimento de (Luo *et al.*, 2015) com pequenas modificações, IPTG e lactose foram adicionados separadamente como indutor quando *E.coli* BL21 pET-21a(+)(*alkB*) estava na fase logarítmica (OD600,0.4) em meio de caldo LB com 1 Dug ml^{-1} ampicilina. A experiência foi efectuada utilizando frascos de 250 ml em três grupos; cada grupo inclui três frascos, como se indica a seguir:

1- Induzido com IPTG.

2- Induzido com lactose.

3- Sem indução.

Utilizou-se uma incubadora com agitador (250 rpm, 37°C), as células bacterianas de cada um dos 3 frascos foram colhidas em alturas diferentes (2,4 e 6 horas), a pasta de células foi aglomerada por centrifugação (9000 rpm, 10 min.) e armazenada a -20°C até ser utilizada.

A pasta de células foi suspensa em ddH2O esterilizada e fervida (5min) para romper as células. A concentração proteica do sobrenadante contendo a proteína *alkB* recombinante foi determinada para cada período da experiência (2h, 4h, 6h,) utilizando o método de ensaio de Bradford (Bradford, 1976; Stoscheck, 1990).

**2.3.19.	Eletroforese em gel de poliacrilamida SDS**

O IPTG e a lactose foram utilizados como indutores durante diferentes períodos (2h, 4h e 6h) de tempo de incubação, tendo sido também utilizado o controlo (sem indutor). Foi utilizado SDS-PAGE a 10% para observar a banda proteica específica de acordo com os métodos descritos por (Manns, 2011) com uma ligeira modificação (utilizando eletroforese horizontal em gel):

A. Reagentes:

1- Solução-mãe de acrilamida a 30% (

a.	Acrilamida29g

b.	Bisacrilamida 1g

c.	D.W.até 100ml

Filtrar e armazenar num recipiente escuro a 4°C.

2-	Tampão de gel de resolução (1,5 M Tris- HCl, pH 8,8)

a.	Tris- HCl18 .21g

b.	D.W. até100ml

pH da solução ajustado para 8,8 com HCl 1M

3-	Tampão de eletroforese (pH 8,3):

a.	1M Tris -base3,02g

b.	Glicina 18,8g

c.	SDS1g

d. D.W.   até1L

4- Persulfato de amónio APS 10%:

a. APS   1g

b. D.W10ml

5- TEMED N, N, N, N, Tetrametil etileno diamina: A solução estava pronta a ser utilizada.

6- Solução de coloração (0,1 % Coomassie blue G-250):

a. Azul de Coomassie1 .2g

b. Metanol 500ml

c. Ácido acético glacial 200ml

d. D.W   500ml

O corante foi primeiro dissolvido em metanol e depois adicionado ao ácido acético glacial e à água. A solução de corante foi então filtrada em papel de filtro Whatman.

7- Solução de descoloração:

a. Metanol 300ml

b. Ácido acético glacial100ml

c. D.W   1000ml

8- Solução de conservação: a. Ácido acético glacial   7ml

b. D.W   100ml

9- Solução-mãe da amostra:

a. 1,5M Tris -HCl, pH 6,8 2   ,5ml

b. SDS 20%   5ml

c. Glicerol 7,5 ml

d. Mercaptoetanol   1ml

e. Azul de bromofenol   Poucas gotas

f. D.W   50 ml

10- Preparação da amostra:

a. Amostra de proteína20   pl

b. Solução-mãe da amostra   40 pl

B. Preparação de um gel de poliacrilamida horizontal fundido:

As soluções que se seguem, ilustradas na tabela (2-18), foram misturadas como géis de resolução e empilhamento:

Tabela 2-18: Componentes do gel de resolução e do gel de empilhamento de 10% SDS-PAGE

Reagentes	Gel de resolução	Gel de empilhamento
Água distal	3,2 ml	1,83 ml
1,5M Tris-base pH 8,8	2 ml	750 pl

Solução-mãe de acrilamida a 30%	2,67 ml	390 pl
10% Persulfato de amónio	80 pl	60 pl
10% SDS	80 pl	50 pl
TEMED	8 pl	5 pl
Volume total	8 ml	3 ml

C. Análise de proteínas por SDS- PAGE a 10%

As amostras preparadas, o extrato celular total (bruto) foram submetidas a 10% de SDS- PAGE.

1. Foi utilizado um sistema de moldagem de gel de proteínas na preparação de géis, utilizando placas de vidro de 12 cm x 10 cm.

2. A montagem do gel foi preparada colocando o lado do espaçador entre as duas placas de vidro e segurando-as com a ajuda de pinças.

3. Uma vez montado o sistema de moldagem do gel, foram misturados os primeiros cinco componentes da tabela (2-18) da mistura de gel de resolução desejada. O TEMED foi adicionado no final para propagar a polimerização do gel e a solução foi rapidamente vertida entre as placas de vidro.

4. O gel de empilhamento foi misturado como o gel de resolução e depois adicionado entre as placas de vidro após a polimerização do gel de resolução.

5. Em seguida, inseriu-se um pente de plástico entre as placas para formar poços para o carregamento das amostras.

6. Quando o gel de empilhamento estiver polimerizado, o pente foi retirado cuidadosamente e, em seguida, os poços construídos foram lavados com tampão Tris-glicina 1X utilizando uma seringa de 5 ml

7. A cassete contendo o gel polimerizado foi colocada no aparelho de eletroforese e o tampão Tris-glicina 1X foi vertido no fundo e na câmara superior, não devendo haver bolhas no fundo do gel.

8. As amostras de proteínas a analisar foram carregadas (após mistura com a solução de amostra de reserva) nos poços formados no gel de empilhamento com uma ponta fina, bem como o marcador de proteínas.

9. As amostras foram submetidas a eletroforese durante 30 minutos a 80 volts e depois a voltagem foi aumentada para 100 V durante 2 horas ou até o corante azul de bromofenol atingir o fundo do gel de resolução.

10. Em seguida, a corrente foi desligada e o gel foi retirado das placas de vidro da cassete, depois o gel foi corado numa solução de coloração Coomassie brilliant blue durante uma noite, depois o gel foi retirado e imerso na solução de descoloração ou até o fundo do gel se tornar transparente.

2.3.20. Biodegradação do n-hexadecano pela célula recombinante clonada *alkB*

De acordo com o ensaio de biodegradação modificado de (Luo *et al.*, 2015), o teste de degradação do N-hexadecano (98%) foi examinado utilizando bactérias inoculadas em caldo LB, o consórcio bacteriano utilizado no teste inclui três tipos de bactérias previamente identificadas como degradadoras de óleo (*Aeromonas hydrophila*, *Pseudomonas guariconensis*, *Bacillusforaminis*), a estratégia da experiência foi realizada em três grupos a 30°C durante 72 horas de incubação.

Grupo A: Controlo (sem bactérias).

Grupo B: Consórcio bacteriano 1,5 ml (0,5 ml de cada estirpe).

Grupo C: O consórcio bacteriano e o clone pET-21a (+)-*alkB de E.coli* BL21 (DE3) como experiência foram distribuídos por três proporções diferentes na tabela (2-19).

Tabela 2-19: Proporções de frascos de experiências (E: Experiência)

Código	E1	E2	E3
Proporção	**1:2**	**1:1**	**2:1**
Consórcio (ml)	1.5	1.5	3.0
Clone (ml)	3.0	1.5	1.5
Volume total (ml)	**4.5**	**3.0**	**4.5**

As estirpes bacterianas foram inoculadas no frasco cónico (tamanho 250 ml) contendo 100 ml de meio BSM (Bacterial Standard Medium) esterilizado (2-20) com 0,1 ml de n-hexadecano (C16) como substrato.

Tabela 2-20: Meio BSM (Meio Padrão Bacteriano)

Não.	Componente	Concentração final
1	Peptona	0.8 %
2	Glicose	0.1 %
3	Extrato de carne de bovino	0.1 %
4	Extrato de levedura	0.1 %

Os grupos bacterianos foram incubados aerobicamente a 30°C numa incubadora com agitador a 120 rpm. Quando a densidade ótica (OD600) da suspensão bacteriana atingiu 0,4, foi adicionado IPTG (100pl/100ml) aos frascos do grupo (C) como indutor.

Após 72 horas de incubação, o n-hexadecano residual foi extraído pelo método de extração líquido-líquido três vezes, utilizando 10:1 de n-hexano (como solvente), de acordo com o procedimento descrito em (Mohanty e Mukherji, 2008), e depois o n-hexadecano extraído foi enviado para o laboratório de cromatografia gasosa (GC).

Foi utilizado um detetor de ionização de chama (GC-FID, Agilent 6890, EUA) para medir a quantidade de n-hexadecano residual das amostras extraídas. O GC-FID foi operado com hélio (He) como gás de arrastamento a um caudal de 1,5 ml/min, temperatura de injeção de 320 °C, temperatura do detetor de 350 °C e um programa de temperatura do forno que aumentou de 35 °C (mantido durante 19 min) para 250 °C a uma taxa de 8 °C/min. O volume de injeção de todas as amostras foi de 1 pl, o comprimento da coluna foi de 30 m com 0,25pm como dimensão.

Resultados

2.4. Parâmetros físico-químicos das amostras de solo

Os resultados dos parâmetros físico-químicos das amostras de solo recolhidas foram detectados e listados na tabela (3-1).

Quadro 3-1: Parâmetro físico-químico das amostras de solo

Estações de amostragem	pH	Salinidade (ppt)
1	8.5	1.4
2	8.4	1.3
3	8.5	1.3
4	8.6	1.6
5	8.6	1.4

2.5. Rastreio de bactérias que degradam o petróleo

A capacidade da amostra bacteriana para a biodegradação de hidrocarbonetos foi testada utilizando petróleo bruto. Todas as bactérias em crescimento provaram a sua capacidade de degradar o petróleo dispersando as camadas de petróleo nos frascos cónicos em diferentes níveis e aumentando a turvação do meio Bushnell e Haas (suportado com 1% de petróleo bruto esterilizado) gradualmente durante o período de incubação figura (3-1), a densidade ótica dos meios de cultura durante 7 dias dos tempos de incubação foi ilustrada na figura (3-2).

Figura 3-1: Dispersão da camada de óleo em frascos cónicos

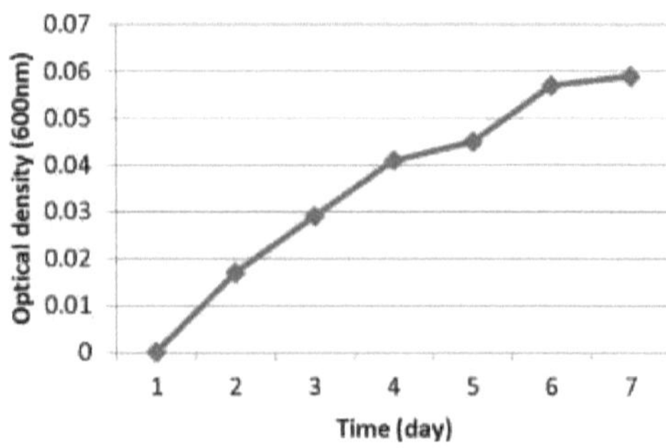

Figura 3-2: Densidade ótica do petróleo bruto - meio Bushnell e Haas durante o período de incubação

O pH inicial do meio era de 8,0 no início da experiência (primeiro dia de incubação), durante o período de incubação, os valores de pH foram registados durante os 7 dias do período de incubação figura (3-3).

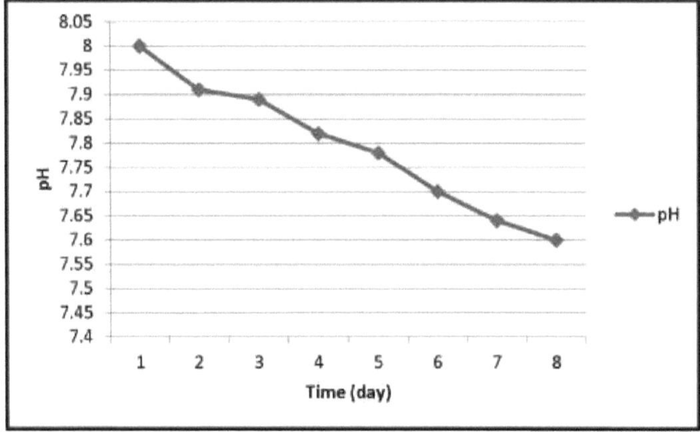

Figura 3-3: Valores de pH do petróleo bruto - meio Bushnell e Haas durante o período de incubação

2.6. Isolamento e purificação de bactérias que degradam o petróleo

A figura (3-4) mostra o crescimento bacteriano de espécies de *Pseudomonas* no O meio de base de ágar de isolamento de *Pseudomonas*, bem como o crescimento de diferentes tipos de bactérias, foram detectados em ágar nutriente, tendo sido colhidas colónias individuais dos meios de cultura para os testes bioquímicos necessários.

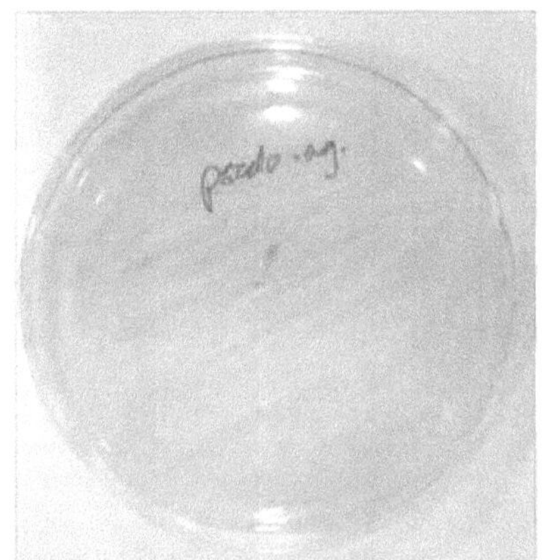

Figura 3-4: *Pseudomonas* **sp. em ágar de isolamento de** *Pseudomonas*

2.7. Caraterísticas bioquímicas das colónias bacterianas purificadas

O quadro (3-2) ilustra os resultados dos testes bioquímicos necessários.

Quadro 3-2: Resultados dos testes bioquímicos

Códigos da bactéria purificada	Coloração de Gram	Forma da célula	Teste da catalase	Teste da oxidase
1	-ve	Coccobacilos	+	-
2	-ve	Vara	+	-
3	-ve	Vara	+	+
4	-ve	Vara	+	+
5	+ve	Cocci	+	-
6	-ve	Vara	+	+
7	-ve	Vara	+	+
8	-ve	Vara	+	+
9	-ve	Vara	+	-
10	-ve	Vara	+	-
11	+ve	Cocci	+	-
12	+ve	Vara	-	-
13	+ve	Vara	+	-
14	+ve	Vara	+	-
15	+ve	Vara	+	-
16	-ve	Vara	+	-
17	-ve	Vara	+	+

2.8. Identificação molecular do ADN purificado

Foi efectuada a eletroforese em gel de agarose para verificar os resultados da

PCR do gene 16S rRNA amplificado. Foram observadas bandas de cerca de 1450 pb no gel, como se mostra na figura (3-5).

Vinte e um produtos de PCR foram enviados para a MACROGEN/Coreia (http://dna.macrogen.com) para obter a sequenciação do gene.

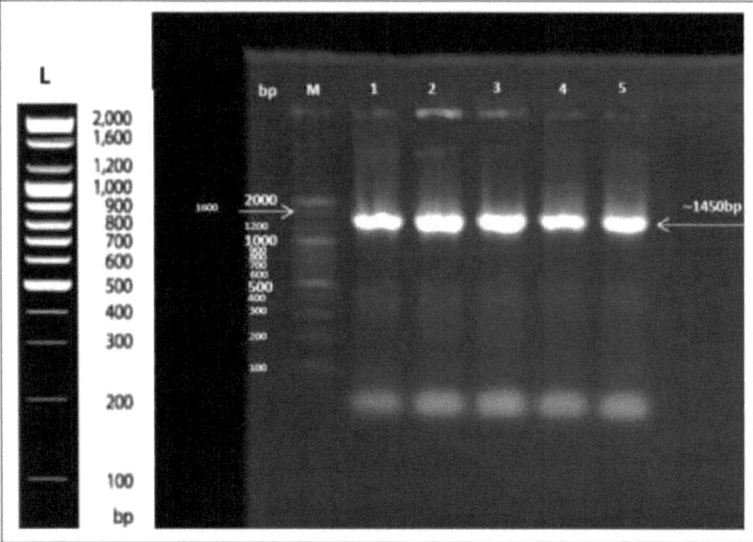

Figura 3-5: Análise da eletroforese em gel de agarose a 1% do ADN extraído de colónias bacterianas puras amplificado pelo iniciador universal 16S rRNA: M: marcador de 100 pb; 1, 2, 3, 4, 5: primeiras cinco bactérias isoladas; escada padrão de 100 pb.

2.9. Identificação genética das bactérias que degradam os alcanos

Os resultados da sequenciação do gene 16S rRNA amplificado foram revistos e analisados utilizando a ferramenta Basic Local Alignment Search Tool (BLAST) para procurar uma sequência semelhante na base de dados do Centro Nacional de Informação Biotecnológica (http://www.ncbi.nlm.nih).

O resultado foi 17 e diagnosticado como; *Acinetobacter radioresistens, Pseudomonas oryzihabitans, Aeromonas hydrophila, Pseudomonas putida, Micrococcus luteus, Pseudomonas aeruginosa, Pseudomonas guariconensis, Achromobacter xylosoxidans, Enterobacter* sp, *Klebsiella* sp., *Staphylococcus* sp., *Bacillus foraminis, Exiguobacterium* sp., *Bacillus firmus, Brevibacillus brevis,* Stenotrophomonas sp., *Pseudomonas stutzeri.*

Os géneros foram então identificados e listados com o seu número de acesso e tabela de percentagem de identidade (3-3).

Tabela 3-3: Número de acesso e percentagem de identidade dos genes 16S rRNA das bactérias isoladas

Código de amostra	Organismo	Número de acesso.	Identidade máxima (%)
1	*Acinetobacter radioresistens*	MK334657.1	99.86%
2	*Pseudomonas oryzihabitans*	MG571765.1	99.93%
3	*Aeromonas hydrophila*	MK007301.1	99.86%
4	*Pseudomonas putida*	MH084903.1	99.93%
5	*Micrococcus luteus*	KY495217.1	99.64%
6	*Pseudomonas aeruginosa*	MK386864.1	99.86%
7	*Pseudomonas guariconensis*	MG674358.1	99.86%
8	*Achromobacter xylosoxidans*	GU014534.1	99.86%
9	*Enterobacter* sp.	EF522821.1	99.79%
10	*Klebsiella* sp.	AY540111.1	99.86%
11	*Staphylococcus* sp.	JN975939.1	99.51%
12	*Bacillus foraminis*	GQ903407.1	96.77%
13	*Exiguobacterium* sp.	KU758893.1	99.86%
14	*Bacillus firmus*	HQ678663.1	99.51%
15	*Brevibacillus brevis*	MK318220.1	99.29%
16	*Stenotrophomonas* sp.	LT724239.1	99.72%
17	*Pseudomonas* sp.	KT986148.1	93.88%

2.10. Árvore filogenética utilizando o método Neighbour-Joining

Subsequentemente, o resultado da sequência do gene 16S rRNA foi alinhado com as sequências correspondentes de organismos degradadores de hidrocarbonetos registados na base de dados NCBI, e o resultado da árvore filogenética dos isolados foi agrupado numa árvore, como se mostra na figura (3-6), tendo sido aplicada a técnica de Neighbour-Joining (NJ) de construção de árvores filogenéticas não enraizadas, a árvore inclui 30 ramos e 15 nós.

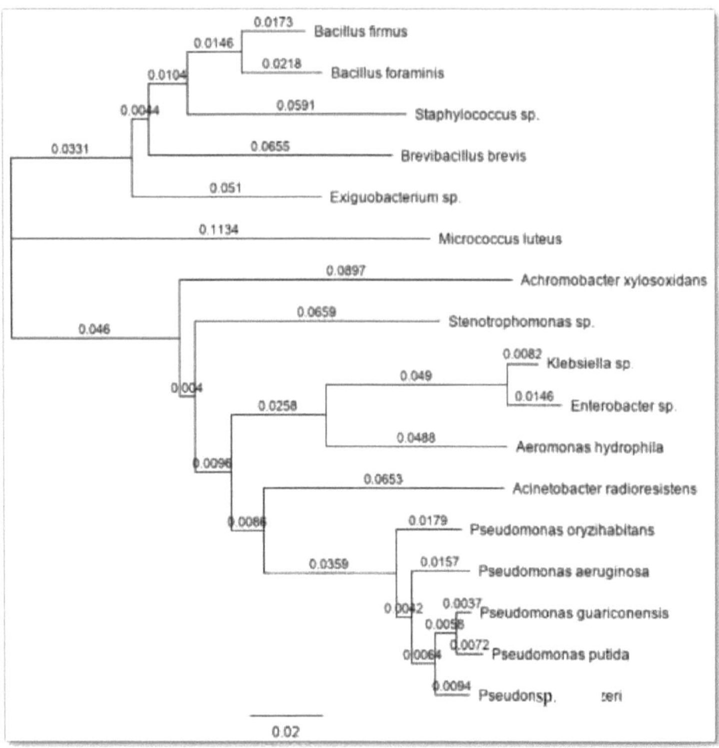

Figura 3-6: Uma árvore filogenética criada pelo Geneious Prime 2019 versão 1.1: a árvore Neighbour-Joining não enraizada de 17 espécies bacterianas inclui 30 ramos e 15 nós.

2.11. Amplificação e deteção do gene *alkB*

A amplificação do gene *alkB* das bactérias que degradam o óleo foi realizada utilizando o iniciador específico do gene *alkB*, tendo sido detectado um tamanho de banda de cerca de 1224 pb para o gene *alkB* do ADN genómico *de Pseudomonas aeruginosa* num gel de agarose a 1%, como se mostra na figura (3-7).

Os resultados da sequenciação direta e inversa foram revistos e depois alinhados com a base de dados NCBI para comparar com os outros genes semelhantes e confirmar a semelhança.

O resultado foi 100% compatível com a alkane 1-monooxygenase (expressão do gene *alkB*) de *Pseudomonas aeruginosa* com o número de registo MK386864.1 .

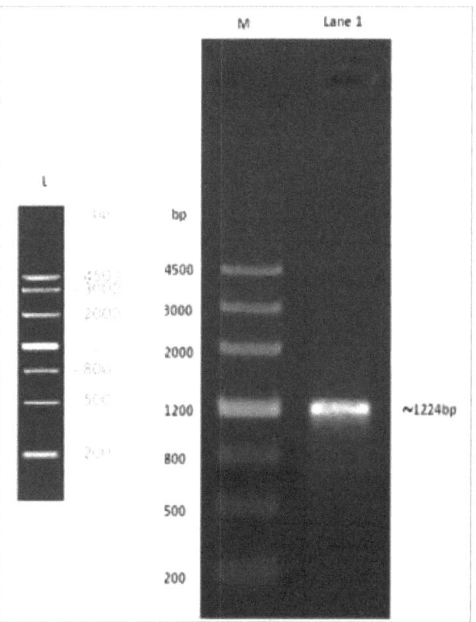

Figura 3-7: L: escada padrão de 4500 pb, M: escada de 4500 pb; pista 1: ~1224 pb do gene *alkB* do ADN genómico *de Pseudomonas aeruginosa* amplificado com iniciadores com sítios de restrição *EcoRI* e *HindIII*, gel de agarose a 1%.

O mapa do gene *alkB* amplificado foi construído pelo software SnapGene, como se mostra na figura (3-8).

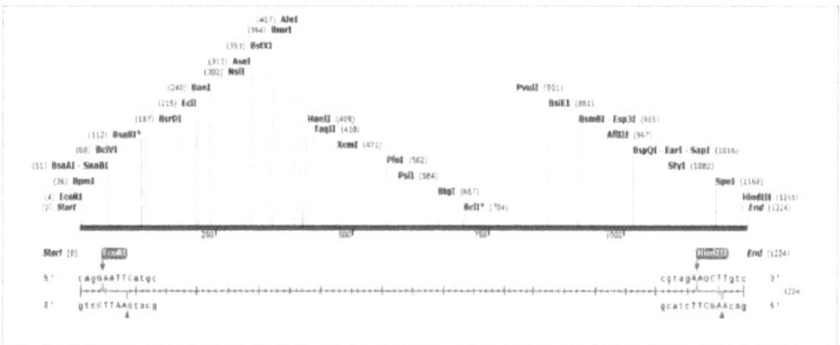

Figura 3-8: Amplificação do gene *alkB* com iniciador específico apoiado nos sítios de restrição *EcoRI* e *Hind* III

2.12. Cura e caraterização de plasmídeos

A linha 1 da figura (3-9) mostra o resultado da eletroforese em gel para a extração de plasmídeo da *Pseudomonas aeruginosa* após a realização da cura do plasmídeo por laranja de acridina, por outro lado, é óbvio que existem duas bandas na linha número 2, o que revela o resultado da eletroforese em gel da extração de plasmídeo da *Pseudomonas aeruginosa* selvagem.

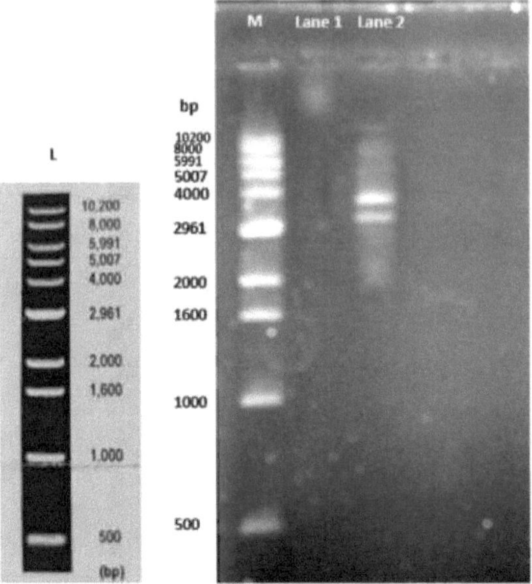

**Figura 3-9: pista 1: resultado da caraterização de plasmídeos pelo método de
extração de plasmídeos após a cura de plasmídeos; pista 2: extração de
plasmídeos para *Pseudomonas aeruginosa* selvagem antes da cura de plasmídeos,
M: Marcador de 1Kb; L: Escada padrão de 1kb.**

**2.13. Avaliação da percentagem de biodegradação para tipos de bactérias
curadas e selvagens**

O blot da figura (3-10) mostra os resíduos da fração alifática do óleo bruto
extraído do frasco cónico após o período de incubação sem qualquer inoculação
bacteriana como parte de controlo.

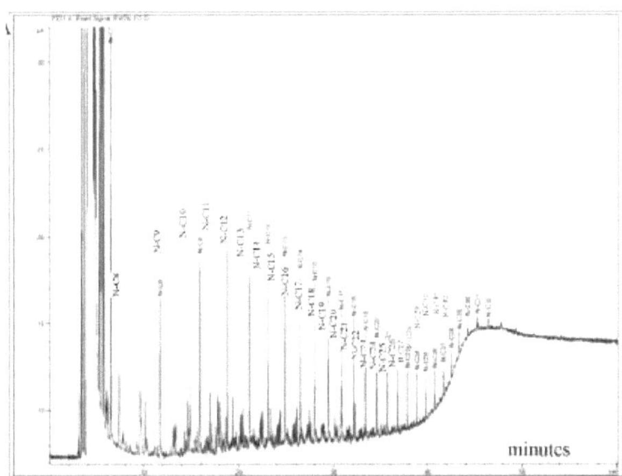

Figura 3-10: Resultado de GC do petróleo bruto de controlo residual (fração alifática) 0,5% após o período de incubação

Nos gráficos de GC, o eixo vertical é PA e o eixo horizontal é o tempo. Na Figura (3-11) mostra-se o resultado da CG dos resíduos da fração alifática após um período de incubação de bactérias não curadas com plasmídeo com 0,5% de petróleo bruto, a percentagem de degradação foi de 83,87%, calculada de acordo com o relatório da CG.

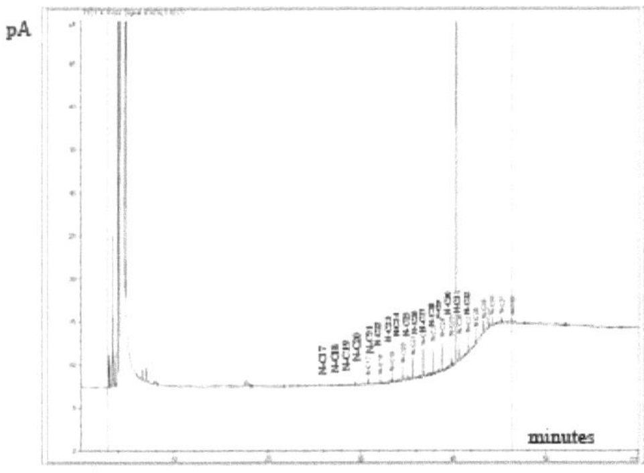

Figura 3-11: Resultado de GC do óleo bruto residual (fração alifática) 0,5% após o período de incubação de bactérias não curadas com plasmídeo

A figura (3-12) mostra o resultado da CG dos resíduos da fração alifática após um período de incubação de bactérias curadas com plasmídeos com 0,5% de petróleo bruto, a percentagem de degradação foi calculada de acordo com o relatório da CG, foi de 81,63%.

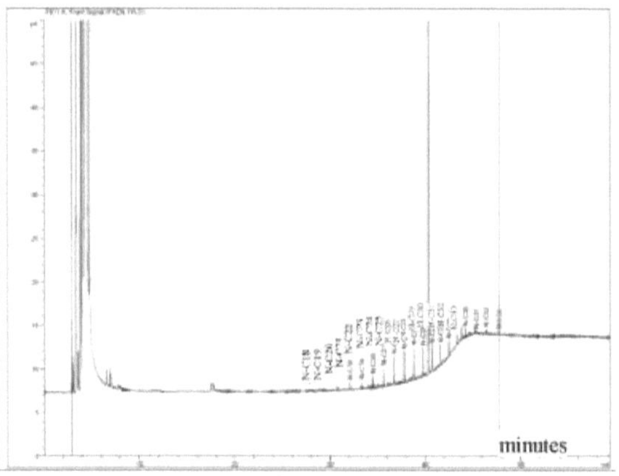

Figura 3-12: Resultado de GC do petróleo bruto residual (fração alifática) 0,5% após
o período de incubação das bactérias curadas com plasmídeos.

2.14. Digestão do gene em causa e do vetor plasmídico

Tanto o gene alvo como o vetor foram digeridos com as mesmas enzimas de restrição e os resultados obtidos foram os seguintes

2.14.1. Digestão do gene *alkB* com as enzimas de restrição *EcoRI* e *HindWX.*

A figura (3-13) mostra a banda de 1212 pb resultante da eletroforese em gel a 1% para a amplificação do gene *alkB* digerido com *EcoRI* e *Hind* III.

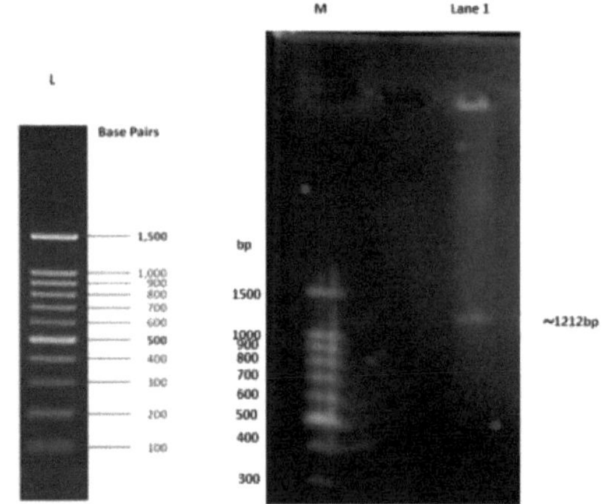

Figura 3-13: Pista 1: gene *alkB* digerido com *EcoRI* e *Hind* III; M: marcador de 100 pb; L: escada padrão de 100 pb

2.14.2.   Digestão do plasmídeo pET-21a(+) com as enzimas de restrição *EcoRI* e *HindIII*.

A figura (3-14) mostra uma banda na via 1 resultante da digestão do pET-21a(+) nativo com as enzimas de restrição *Eco RI/HindI* II. Esta banda era de cerca de 5424 pb relacionada com o plasmídeo restrito, enquanto a região de corte de 19 pb localizada entre os dois sítios de restrição não apareceu no gel de agarose devido ao seu baixo peso molecular.

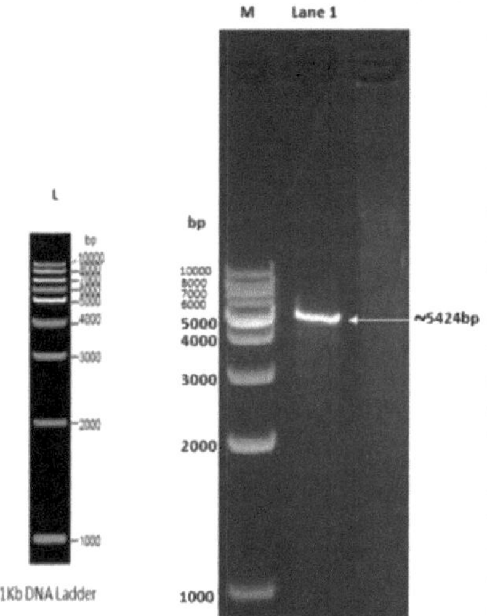

Figura 3-14: Plasmídeo pET-21a(+) nativo: pista 1 digerida com *EcoRI* e *HindIII*; M:marcador de 1Kb;L: escada padrão de 1Kb

2.15. Ligação do gene *alkB* e do vetor pET 21a(+)

A figura (3-15) mostra o vetor plasmídico pET-21a(+)-*alkB* recombinante como resultado da ligação por T4 DNA ligase. Por outro lado, as figuras (3-16) e (3-17) mostram as sequências completas do gene *alkB* com os sítios de restrição *EcoRI* e *Hind* III, enquanto o protocolo geral de construção do vetor plasmídico pET-21a(+)-*alkB* foi clarificado na figura (3-18).

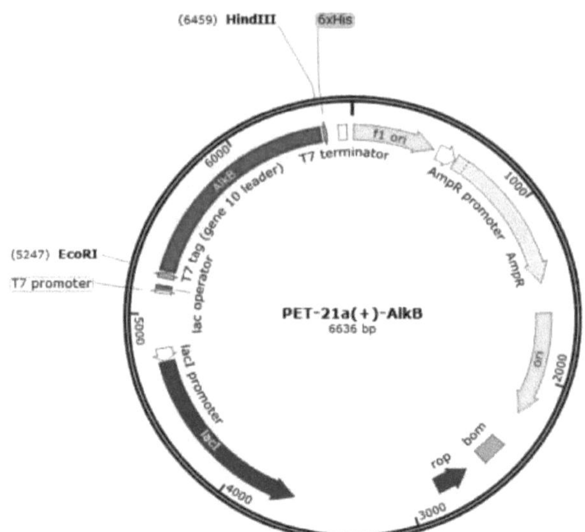

Figura 3-15: Vetor plasmídico recombinante pET-21a(+)-*alkB*, gene *alkB* inserido entre os sítios de restrição *EcoRI* e *HindiII*, criado pelo software SnapGene versão 4.3.7

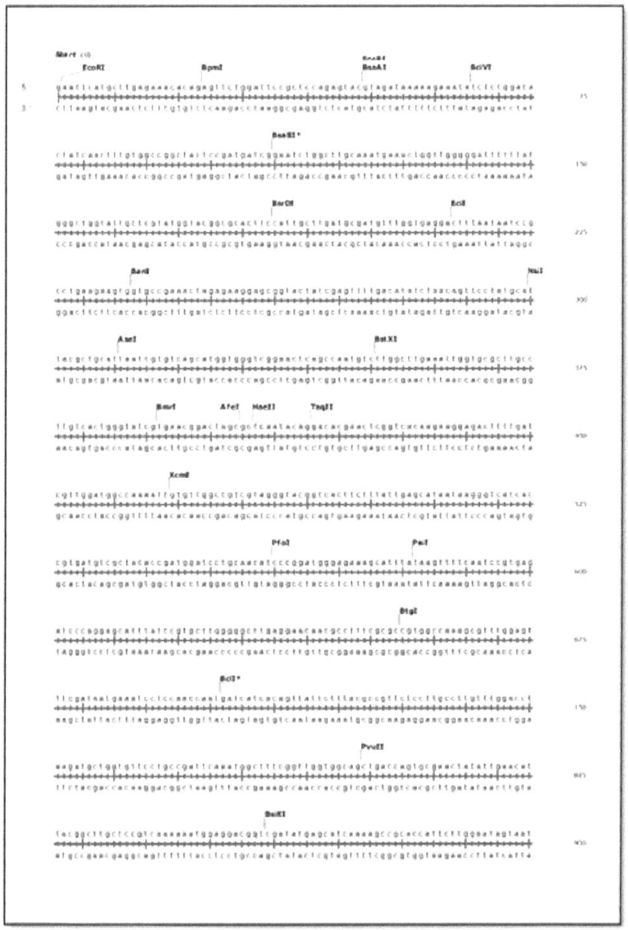

Figura 3-16: Sequências do gene *alkB* com sítios de restrição *EcoRI* e *Hind* III - parte 1

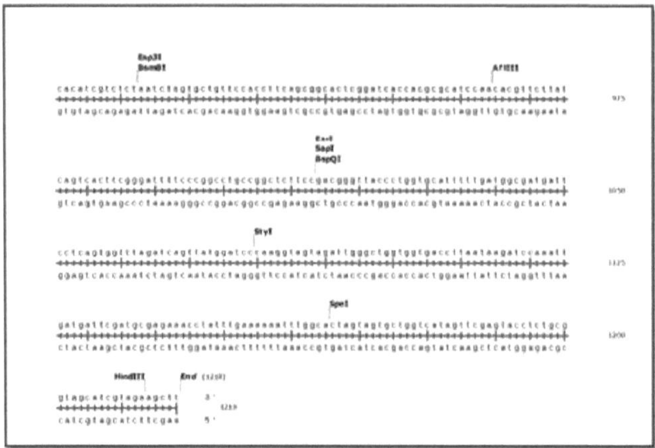

Figura 3-17: Sequências do gene *alkB* com sítios de restrição *EcoRI* e *Hind* III - parte 2

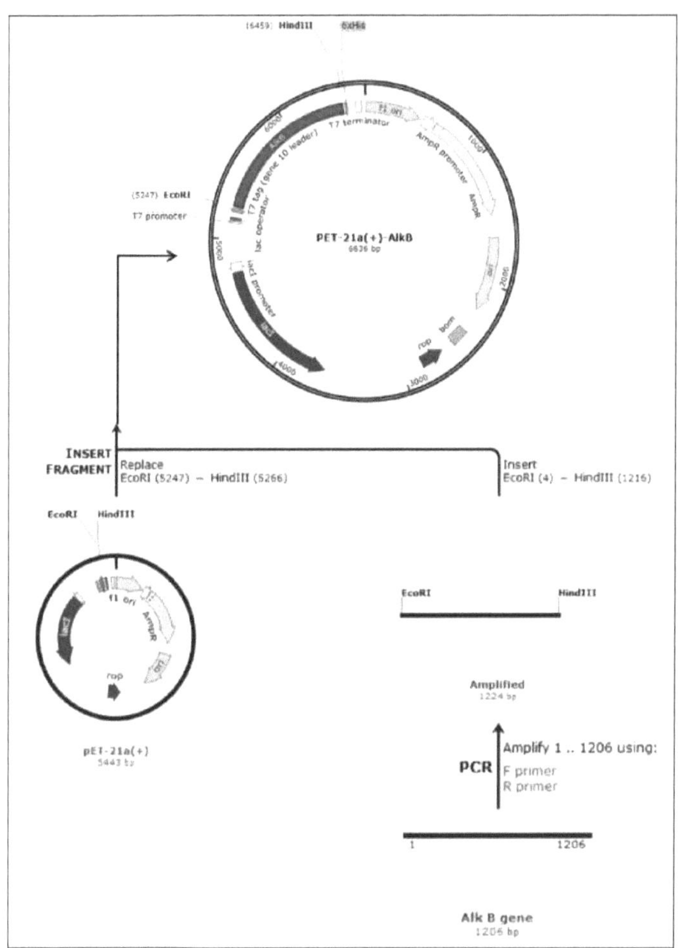

Figura 3-18: Protocolo de construção do vetor plasmídico pET-21a(+)-*alkB*

2.16. Transformação da estirpe *E.coli* BL21(DE3) com pET-21a(+) -*alkB*

O plasmídeo recombinante ligado (pET-21a(+)-*alkB*) foi transformado em *E. coli* competente BL21(DE3) utilizando o método de choque térmico. O resultado na figura (3-19) mostra colónias únicas das células transformadas de *E. coli* BL21(DE3). A estirpe BL21(DE3) *E.coli* que contém o plasmídeo recombinante (pET-21a(+)-*alkB*) foi designada *E.coli* BL21(DE3) pET-21a(+)-*alkB*.

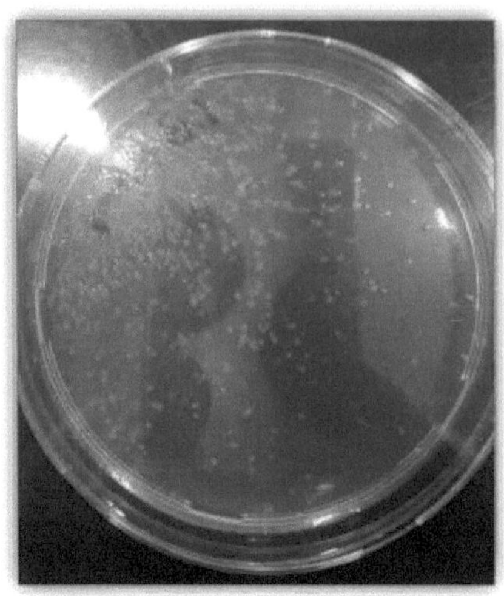

Figura 3-19: Células competentes de *E.coli* BL21(DE3) transformadas resistentes à ampicilina em meio LB selecionado

2.17. Confirmação da clonagem e da transformação

Para confirmar a presença do gene *alkB* incorporado na orientação correta no vetor do plasmídeo de expressão pET-21a(+), foi utilizado o método de PCR de colónia para selecionar as células positivas que possuem o plasmídeo recombinante; a figura (3-20) mostra a banda de cerca de 1452 pb.

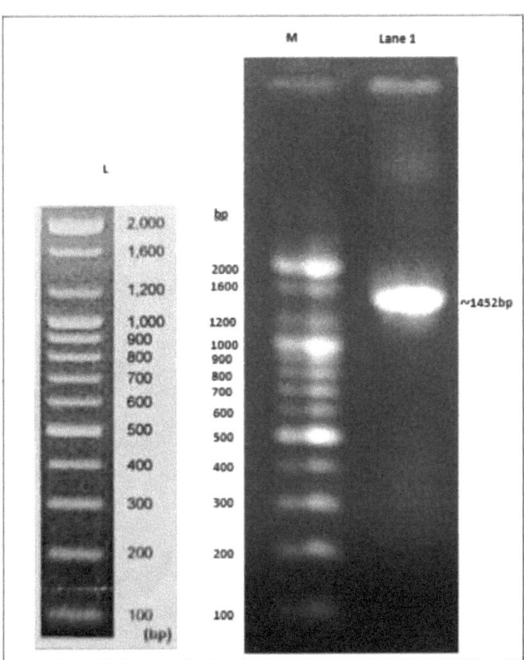

Figura 3-20: Eletroforese em gel do produto da PCR da colónia utilizando primers específicos do promotor T7 direto e do terminador T7 inverso, M:marcador de 100 pb, pista1: fragmento amplificado de 1452 pb; L:escada padrão de 100 pb.

Por outro lado, o resultado da sequenciação foi recebido e alinhado com o plasmídeo recombinante utilizando o software SnapGene, como se mostra na figura (3-21) e na figura (3-22).

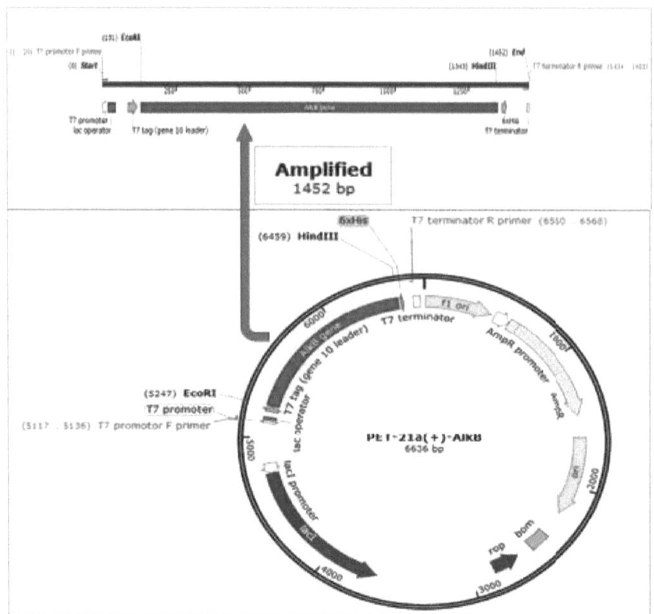

Figura 3-21: Amplificação do gene *alkB* a partir de um plasmídeo recombinante (pET-21a(+)- *alkB*) em resultado da PCR de colónia da *E. coli* clonada, utilizando o iniciador promotor T7 direto e o iniciador terminador T7 inverso; o tamanho do fragmento amplificado é de 1452 pb.

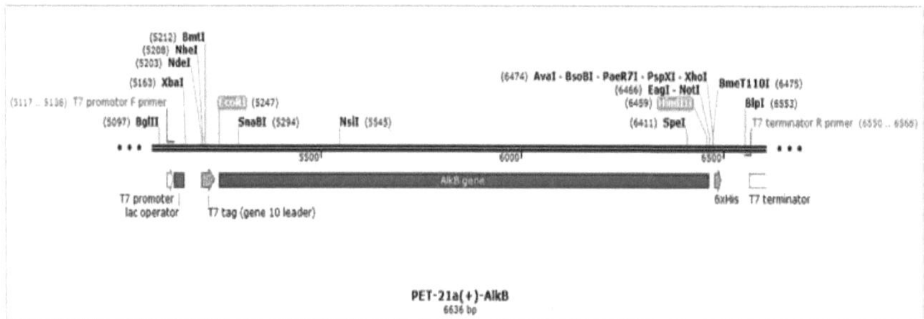

Figura 3-22: Lado esquerdo: Local de recozimento do primer promotor T7 (forward) a montante da inserção de cor vermelha (gene *alkB*), lado direito: Sítio de recozimento do iniciador do terminador T7 (inverso) a jusante da inserção [desenho pelo software SnapGene versão 4].

2.18. Restrição do plasmídeo recombinante

A figura (3-23) mostra duas bandas na via 2, a banda superior com cerca de 5424 pb e a inferior com cerca de 1212 pb, como resultado da digestão do plasmídeo recombinante com as enzimas de restrição *EcoRI/liindW*\; a via 1 mostra várias bandas como resultado da eletroforese em gel do plasmídeo pET-21a(+) nativo não cortado.

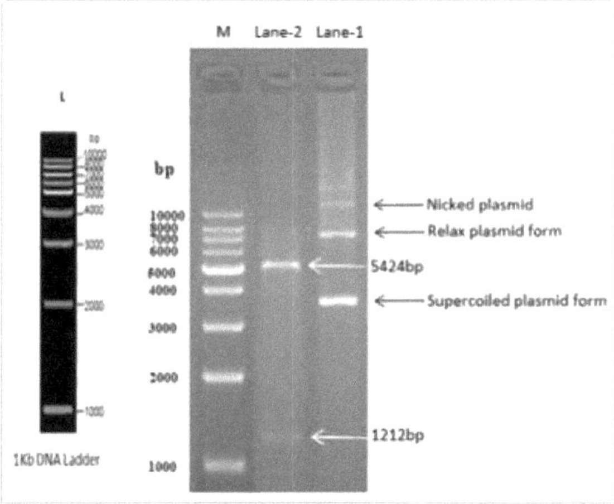

**Figura 3-23: Pista 1: Plasmídeo pET-21a(+) nativo; pista 2: pET-21a(+)-*alkB*
linear digerido com *EcoRI/HindIII*; M: escada de ADN de 1kb; L: escada padrão
de 1kb.**

2.19. Deteção da concentração de proteínas expressas pelo método de ensaio de Bradford

Inicialmente, a curva padrão foi esboçada pelo Microsoft Excel com um valor de r-quadrado (0,9977), como se mostra na figura (3-24). O ensaio de Bradford demonstra que a proteína bruta foi produzida em cada período da experiência (2h,4h,6h,) utilizando IPTG como indutor ou sem ele, como se mostra na figura (3-25), a concentração de proteína aumentou

A concentração de proteínas aumentou gradualmente com o tempo, mas as concentrações mais elevadas foram detectadas com o tempo de indução.

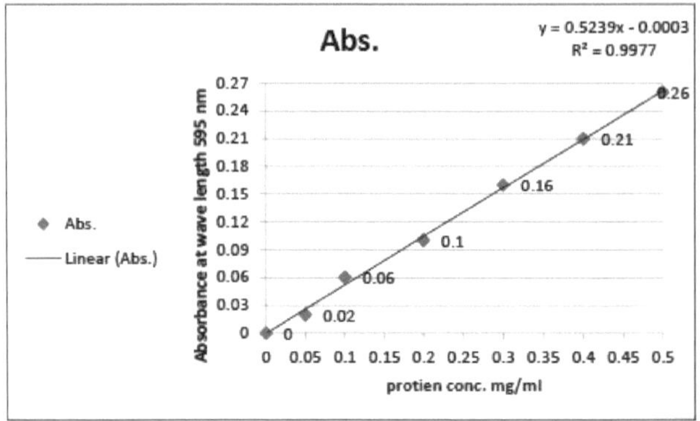

Figura 3-24: curva-padrão utilizando albumina de soro bovino como proteína-padrão

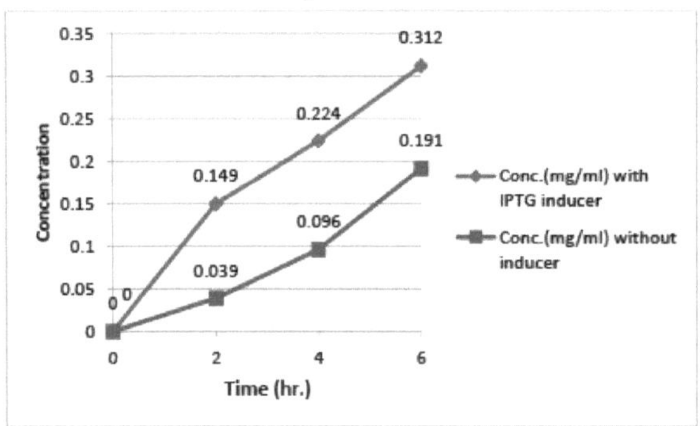

Figura 3-25: concentração de proteínas às (2, 4, 6) horas, utilizando IPTG como indutor

2.20. Resultado da eletroforese em gel de SDS-poliacrilamida

É óbvio que aproximadamente 46 KD de bandas de proteína *alkB* no gel de poliacrilamida aparecem nos períodos de 4h e 6h da experiência e em todas as amostras de indutores figura (3-26), na amostra não induzida (pista-2) não apareceu nenhuma banda de proteína. O peso molecular da proteína-alvo foi calculado utilizando o software Geneious prime, figura (3-27).

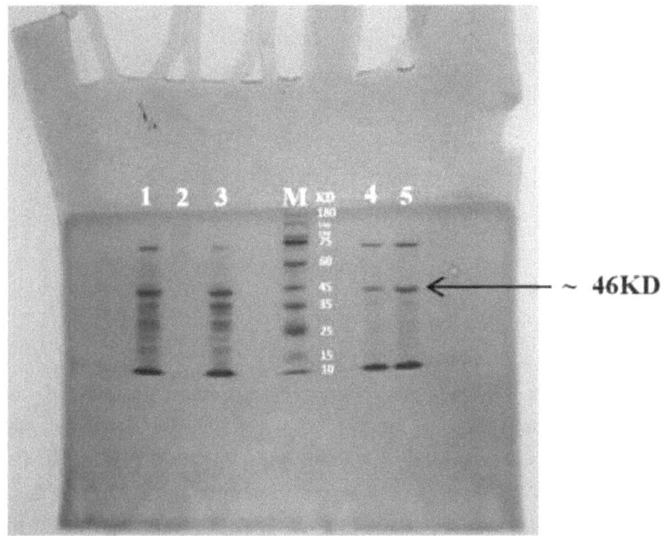

Figura 3-26: Gel de proteínas da alcano 1-monohidroxilase com diferentes tempos de indução de IPTG e lactose. M: marcador de proteínas, 1: lactose (4h), 3: lactose (6h), 4: IPTG (4h), 5: IPTG (6h), 2: sem indutor

```
Protein Statistics:
Protein name: alkane 1-monooxygenase [Pseudomonas aeruginosa]
GenBank: AVZ33125.1
ACCESSION:  AVZ33125
Length: 401 aa
Molecular weight: 45.806 kDa


Protein sequences

MLEKHRVLDSAPEYVDKKKYLWILSTLWPATPMIGIWLANETGWGIFYGLVLLVWYGALPLLDAMFGEDFNNPPEEV
VPRLEKERYYRVLTYLTVPMHYAALIVSAWWVGTQPMSWLEIGALALSLGIVNGLALNTGHELGHKKETFDRWMAKI
VLAVVGYGHFPIEHNKGHHRDVATPMDPATSRMGESIYKFSIREIPGAFIRAWGLEEQRLSRRGQSVWSFDNEILQP
MIITVILYAVLLALFGPRMLVFLPIQMAFGWWQLTSANYIEHYGLLRQKMEDGRYEHQKPHHSWNSNHIVSNLVLFH
LQRHSDHHAHPTRSYQSLRDFPGLPALPTGYPGAFLMAMIPQWFRSVMDPKVVDWAGGDLNKIQIDDSMRETYLKKF
OTSSAGHSSSTSAVAS
```

Figura 3-27: pormenores da proteína calculados pelo software Geneious prime

2.21. Degradação de alcanos pela célula recombinante clonada *alkB* utilizando n-hexadecano

Os relatórios de GC dos resíduos de n-hexadecano foram recolhidos do laboratório de cromatografia gasosa (GC). A figura (3-28) mostra a razão de biodegradação do n-hexadecano dos grupos bacterianos em comparação com o grupo do consórcio. A figura (3-29) mostra o resultado de GC do n-hexadecano extraído do frasco de controlo (sem bactérias) após 72 h de incubação. Os gráficos de GC do n-hexadecano residual são apresentados nas figuras (3-30), (3-31), (3-32) e (3-33).

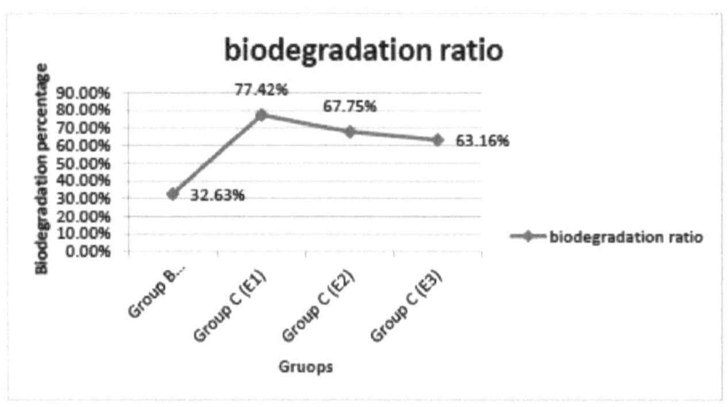

Figura 3-28: rácio de biodegradação dos grupos bacterianos; a percentagem de biodegradação do consórcio é de 32,63%, quando a bactéria clonada foi adicionada ao consórcio como 2:1 (V:V) em E1, a percentagem de biodegradação foi elevada para 77,42%, esta percentagem diminuiu para 67,75% em E2 como resultado da alteração dos volumes para 1:1 (V:V) e também diminuiu para 63,16% em 1:2 (V:V) em E3.

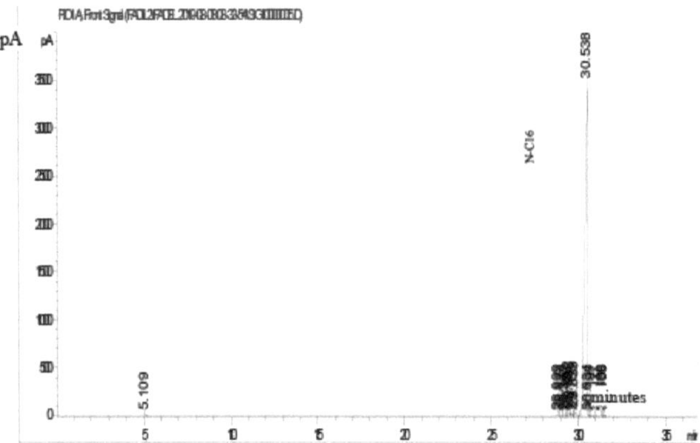

Figura 3-29: Grupo A (controlo): N-hexadecano (N-C16) 98% extraído do BSM após 72 horas de período de incubação

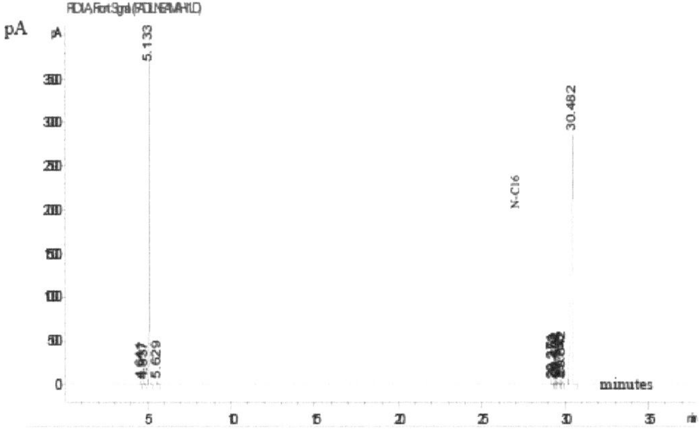

Figura 3-30: Grupo B (consórcio): N-hexadecano (N-C16) 98% extraído do BSM após 72 horas de período de incubação

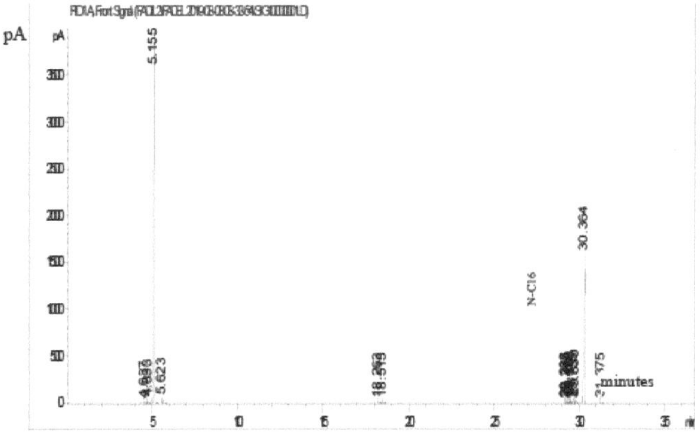

Figura 3-31: Grupo C (E1): N-hexadecano (N-C16) 98% extraído do BSM após 72 horas de período de incubação

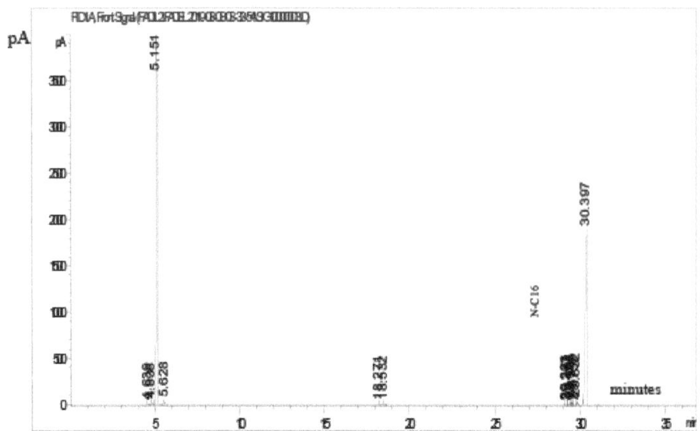

Figura 3-32: Grupo C (E2): N-hexadecano (N-C16) 98% extraído do BSM após 72 horas de período de incubação

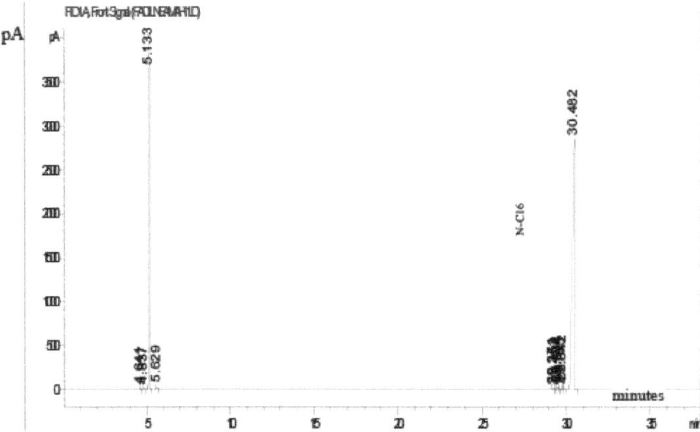

Figura 3-33: Grupo C (E3): N-hexadecano (N-C16) 98% extraído do BSM após 72 horas de período de incubação

Capítulo 4

Discussão

3. Capítulo IV

O Iraque é um dos países produtores de petróleo mais importantes do mundo e a maior parte dos campos petrolíferos estão localizados na província de Basrah, no sul do Iraque, onde muitas empresas estrangeiras estão a operar nesta área. É de salientar que a presença de petróleo algures é uma faca de dois gumes, pelo que, se for explorado de forma irregular e sem respeitar as leis dos sistemas de proteção ambiental, prejudicará as zonas próximas.

Recentemente, surgiram muitos problemas de saúde nestas zonas devido à má gestão dos processos de exploração petrolífera e de refinaria. Devido aos muitos danos causados aos oleodutos e seus derivados, isto levou à poluição do solo e da água, direta ou indiretamente. Nas zonas mais próximas das actividades de produção de petróleo, foram registados muitos problemas de saúde (Briggs e Briggs, 2018), incluindo defeitos de ADN, perturbações congénitas, diminuição da contagem de leucócitos nos seres humanos, infertilidade e tumores de diferentes órgãos do corpo.

A poluição por hidrocarbonetos não afecta apenas a saúde humana, mas também a vida marinha, os animais, as aves e as culturas, bem como as plantas naturais do deserto e a qualidade ambiental no seu conjunto (Hanafy *et al.*, 2016).

Por conseguinte, muitos investigadores científicos estão preocupados com o tratamento da poluição por hidrocarbonetos através de muitos métodos científicos, tais como a adição dos nutrientes necessários para estimular os microrganismos selvagens e torná-los mais eficientes na degradação dos compostos de hidrocarbonetos, pelo que o presente projeto foi preparado para melhorar indiretamente a eficiência das bactérias que destroem o petróleo. A parte alifática constitui a maior percentagem dos compostos do petróleo, pelo que a melhoria da capacidade das bactérias para biodegradar estes compostos contribui eficazmente para a redução da poluição petrolífera. As bactérias são consideradas um dos microrganismos mais comuns na remediação da poluição por hidrocarbonetos, uma vez que muitas vias metabólicas estão incluídas no seu sistema enzimático.

O presente estudo debruça-se sobre o mecanismo do primeiro passo (o passo-chave) do metabolismo dos n-alcanos e converte-os em alcanóis através da atividade das enzimas de hidróxilase ligadas à membrana, que é codificada pelo gene *alkB*. *A Pseudomonas aeruginosa* foi escolhida como a bactéria mais eficiente na degradação do óleo durante o rastreio inicial, uma vez que esta bactéria é considerada um microrganismo oportunista e patogénico e tem a capacidade de degradar simultaneamente compostos de óleo. A estratégia de cura do plasmídeo foi adaptada para detetar se a capacidade de biodegradação dos n-alcanos estava relacionada com os genes transportados pelos plasmídeos ou com os genes do ADN cromossómico, como se descreverá mais adiante. Os resultados provam que existem diferenças muito ligeiras entre os plasmídeos curados e não curados *de Pseudomonas aeruginosa* no potencial de biodegradação, pelo que o gene *alkB* foi isolado do seu ADN cromossómico e clonado em *E.coli*, de acordo com o princípio da cooperação entre as bactérias selvagens e as bactérias clonadas para melhorar a biodegradação da fração alifática a nível laboratorial, a enzima hidroxilase oxida os n-alcanos adicionando o grupo -OH ao carbono terminal da cadeia de n-alcanos, enquanto as outras bactérias selvagens que degradam o petróleo completam as etapas seguintes para converter esses compostos em CO_2 e água. Em geral, a capacidade das bactérias selvagens de degradação do petróleo foi aumentada em cerca de 40% utilizando microrganismos geneticamente modificados (GEM) produzidos no presente estudo.

O principal objetivo do presente estudo é a clonagem do gene de degradação do alcano (gene *alkB*) em *E.coli*, pelo que, numa primeira fase, o projeto se centrou no isolamento do gene em questão a partir de bactérias altamente eficientes na degradação do petróleo, que estão adaptadas ao solo poluído com petróleo e, para atingir este objetivo, foram isoladas bactérias degradadoras de petróleo, de acordo com alguns critérios bioquímicos e primers específicos, tendo sido depois conseguida a deteção e o isolamento do gene *alkB*. Neste capítulo, discutiremos em pormenor os resultados obtidos, passo a passo.

3.3. Isolamento e purificação de bactérias degradadoras de hidrocarbonetos

3.3.1. Parâmetros físico-químicos das amostras de solo e eficiência da bioremediação bacteriana

A salinidade e o pH das amostras de solo recolhidas foram detectados para simular os parâmetros ambientais a aplicar na preparação dos meios de cultura.

No presente estudo, as amostras de solo foram colhidas em diferentes áreas contaminadas com vários derivados do petróleo para obter diferentes tipos de bactérias, uma vez que os sistemas enzimáticos encontrados nas bactérias que degradam o petróleo diferem consoante os diferentes substratos disponíveis e, nesta base, a diversidade de fontes de contaminação do solo conduz à diversidade de diferentes espécies bacterianas e de diferentes sistemas enzimáticos, para aumentar a possibilidade de isolamento do gene-alvo em causa neste estudo.

O meio de Bushnell e Haas foi essencialmente preparado a partir de sais minerais, como se mostra na tabela (2-7), o meio foi suportado com petróleo bruto como única fonte de energia que fornece às bactérias o carbono orgânico, assim, as bactérias predominantes em crescimento neste meio foram as bactérias degradadoras de petróleo, enquanto os outros tipos não cresceram porque não conseguiram utilizar a fonte dos hidrocarbonetos disponíveis, o que está de acordo com (Singh *et al.*, 2015).

Como mostra a figura (3-1), o petróleo bruto foi disperso pela ação emulsificante dos biossurfactantes da bactéria em crescimento, no entanto, o incremento da turbidez do crescimento bacteriano em comparação com o controlo ao longo do tempo é um indicador do crescimento de bactérias, a ferramenta analítica mais amplamente difundida para avaliar o crescimento de culturas bacterianas pode ser considerada a determinação da turbidez ou densidade ótica (DO) de líquidos (Maia *et al.,* 2016), o que basicamente demonstra a eficiência bacteriana na biodegradação do petróleo bruto, e que concorda com as conclusões de (Olukunle e Boboye, 2012), bem como durante o período de incubação, os parâmetros químicos dos hidrocarbonetos do petróleo bruto foram alterados devido à ação das enzimas microbianas, que é a razão da diminuição dos níveis de pH dos frascos de isolamento durante este período, também a biodegradação dos hidrocarbonetos leva à formação de compostos metabólicos orgânicos que causaram a redução do pH, este resultado concorda com (Marzuki *et al.*, 2020) que consideram que o aumento das propriedades ácidas do meio de degradação se deveu à contribuição de vários factores, principalmente o componente de ácido carboxílico.

3.3.2. Caraterísticas bioquímicas das colónias bacterianas purificadas

Antes da identificação genética, para além da coloração de Gram, foram determinadas algumas caraterísticas morfológicas e bioquímicas das bactérias isoladas de solos contaminados, tais como testes de catalase e oxidase, que foram realizados para identificar a afiliação bacteriana ao grupo Gram-positivo ou negativo para completar o diagnóstico genético subsequente.

O teste da catalase é utilizado para identificar os organismos que produzem enzimas catalase. Esta enzima desintoxica o peróxido de hidrogénio, decompondo-o em água e gás oxigénio; as bolhas de gás oxigénio são indicadores claros de um resultado positivo para a catalase (MacFaddin, 2000), enquanto o teste da oxidase é utilizado para detetar microrganismos que contêm a citocromo oxidase (importante na cadeia de transporte do eletrão), este teste é utilizado para identificar bactérias Gram-negativas.

(Brown e Smith, 2014). É normalmente utilizado para distinguir entre Enterobacteriaceae oxidase negativa e Pseudomadaceae oxidase positiva.

A citocromo oxidase transfere electrões da cadeia de transporte de electrões para o oxigénio (o aceitador final de electrões) e reduz este último a água. No teste da oxidase, são fornecidos dadores e aceitadores de electrões artificiais. Quando o dador de electrões é oxidado pela citocromo oxidase, torna-se púrpura escuro.

Este é considerado um resultado positivo (Brown e Smith, 2014).

A identificação das bactérias isoladas em dois grupos é necessária para determinar a forma como o ADN é extraído das bactérias isoladas.

3.4. Identificação genética e árvore filogenética das bactérias degradadoras de alcanos

A descrição filogenética de bactérias que degradam óleos associados a locais poluídos com petróleo ajuda a compreender as suas relações evolutivas (Olukunle e Boboye, 2012).

Os resultados da sequência do gene16S rRNA do presente estudo foram alinhados com as sequências correspondentes dos organismos registados no NCBI e a árvore filogenética construída revelou que estes isolados foram agrupados em cinco isolados de *Pseudomonas* e dois isolados de *Bacillus*, como se mostra na figura (3-6), é óbvio que *Pseudomonas* é o género mais dominante entre os isolados, representando cerca de 30% do total de isolados, o que se deve talvez à diversidade dos seus sistemas enzimáticos que lhe permitem biodegradar uma vasta gama de hidrocarbonetos de petróleo, o que está de acordo com (Das e Chandran, 2011; Stamenov *et al.*, 2015), bem como (Hanafy *et al.*, 2016), que mostraram que *a Pseudomonas* sp. tinha a maior capacidade de degradação de óleo entre os isolados.

Por outro lado, a percentagem de semelhança era muito próxima, sendo superior a 99% em relação a todos os géneros válidos comunicados, exceto *Bacillus foraminis* 96,77 e *Pseudomonas* sp. 93,88%. As sequências FASTA (Fast Approximation of Smith & waterman Algorithm) de 17 amostras obtidas por sequenciação de ADN foram utilizadas para identificar as espécies através de BLAST. Todas as sequências recuperadas tinham um valor esperado (E) de 0,0, o que significa que as correspondências eram significativas. A barra de escala das árvores representa uma diferença de 0,02% nas sequências de nucleótidos e é óbvio, a partir da árvore, que os isolados se agruparam com as suas correspondências específicas da base de dados.

A escolha do método para a reconstrução da árvore depende do tamanho e da qualidade do conjunto de dados. Neste projeto, foi aplicado o método Neighbour-Joining (NJ) de construção de árvores filogenéticas (3-6), e o padrão da árvore filogenética não está enraizado devido à fácil deteção entre os géneros. Com base nestes resultados gerais, a população microbiana nessa área era mais diversificada do que o esperado, e os resultados foram quase semelhantes aos resultados relatados de bactérias isoladas que degradam hidrocarbonetos, incluindo *Pseudomonas aeruginosa*, *Pseudomonas stutzeri*, *Enterobacter cloacae*, *Stenothrophomonas maltophilia*, *Bacillus cereus* e *Bacillus pumilus* (Borah e Yadav, 2014; Zafra *et al.*, 2016).

Em geral, a identificação das comunidades bacterianas dominantes nos solos contaminados com petróleo do ambiente de Basrah contribui significativamente para facilitar a tarefa de tratamento biológico com um custo mínimo através de tecnologias ecológicas.

3.5. Isolamento e identificação do gene *alkB*

Após o isolamento e diagnóstico de 17 tipos de bactérias degradadoras de óleo, foi concebido um iniciador específico para detetar e amplificar o gene *alkB* através da técnica de PCR.

No presente estudo, *a Pseudomonas aeruginosa* foi adoptada como fonte do gene desejado por ser a espécie dominante entre as bactérias diagnosticadas, o que foi evidente através da construção da árvore filogenética.

O plano de conceção do iniciador específico foi realizado escolhendo toda a sequência do gene *alkB* do sítio Web GeneBank, o comprimento do gene era de 1206 pb, o gene começava com um códão de arranque (5'ATG 3') e terminava com o códão de paragem (5'TAG 3'), depois o iniciador foi concebido selecionando múltiplas sequências de nucleótidos dos dois lados terminais de cada cadeia de ADN, foram selecionadas 22 bases da cadeia de ADN sentido e 20 bases da cadeia anti-sentido.

No final de uma peça linear, muitas enzimas de restrição não cortam eficazmente o ADN. Assim, de acordo com a recomendação do New England Biolabs, foram adicionadas três bases de 5'CAG'3 a montante do local de restrição *EcoRI* e três bases de 5'GAC'3 a montante do local de restrição *HindW* para melhorar a eficiência de corte, as bases escolhidas não resultam na formação de uma estrutura em gancho dentro do iniciador.

Durante o plano de desenho de primers, o sítio de restrição da enzima *EcoRI* (G'AATTC) foi adicionado à extremidade 5' do primer forward (22 pb), a percentagem de GC foi de 41%, o que é essencial nos protocolos de desenho de primers (Bustin *et al.*, 2020).

O iniciador inverso (20 pb) foi concebido e as sequências do sítio de restrição *Hindlll*; (A'AGCTT) foram adicionadas à extremidade 5', a percentagem de GC foi de 60%, o que é necessário pela mesma razão acima referida.

As sequências extra; (CAG) e (GAC) foram adicionadas aos iniciadores específicos *de alkB*, estas sequências não afectam a proteína traduzida porque foram localizadas a montante do códão de arranque (fora do quadro de leitura aberta), enquanto os sítios de restrição *EcoRI* e *Hind Ill* foram adicionados ao iniciador para isolar um gene pronto para a etapa de restrição subsequente do protocolo de clonagem.

Existem dois objectivos no processo de amplificação utilizando este tipo de primers; o primeiro objetivo era a deteção do gene, enquanto o segundo era a adição de sítios de restrição *EcoR* I e *Hind* III nas extremidades do gene alvo para o protocolo de clonagem subsequente

O produto da PCR calculado foi de 1224 pb, enquanto o comprimento do gene *alkB* foi de 1206 pb, o que se deve à adição de 18 pb, associados aos locais de restrição (12 pb) e às sequências extra (6 pb). Durante as duas primeiras rondas da reação de PCR, os iniciadores só se ligam às sequências de ADN alvo com as sequências originais (sem os sítios de restrição e as sequências extra) do iniciador; no entanto, uma vez produzido o novo ADN (com sítios de restrição nas extremidades) após as primeiras rondas da reação, os iniciadores ligam-se ao longo de todo o seu comprimento.

Em geral, a adição de sequências não relacionadas na extremidade 5' do primer não altera o recozimento da porção específica da sequência do primer (Bustin *et al.*, 2020). No presente estudo, apenas foi calculada a Tm das sequências de primers específicas do fragmento de gene, sem incluir o local de restrição adicionado, e a Ta foi então selecionada de acordo com a PCR em gradiente.

A figura (3-7) mostra a amplificação do fragmento de 1224 pb do ADN cromossómico *de Pseudomonas aeruginosa*. A banda foi purificada e enviada para a sequenciação do gene e os resultados da sequenciação foram confirmados pela análise de explosão baseada no sítio Web do NCBI.

Por outro lado, as etapas de clonagem e expressão foram utilizadas em *E.coli*, sendo o sistema pET considerado um dos sistemas mais importantes. Neste vetor, os genes alvo estão sob o controlo de fortes sinais do bacteriófago T7, que são utilizados para a transcrição e tradução facultativas, sendo a expressão induzida através do fornecimento de uma fonte de RNA polimerase T7 na célula hospedeira.

3.6. A importância dos plasmídeos para a capacidade de biodegradação

Como mencionado anteriormente, esta experiência foi realizada para determinar se os isolados bacterianos com a capacidade de biodegradação de alcanos transportam o seu próprio gene de n-alcanos no plasmídeo ou no ADN cromossómico. Para garantir isso, foi utilizada a estratégia de cura do plasmídeo para eliminar os plasmídeos da *Pseudomonas aeruginosa* e, em seguida, foi concebido um estudo de comparação da biodegradação entre *a Pseudomonas aeruginosa* curada com plasmídeo e a não curada para provar este facto.

Existem muitos agentes químicos, como o laranja de acridina, o SDS e o brometo de etídio, e foram utilizados agentes físicos nos protocolos de cura de plasmídeos (Letchumanan *et al.*, 2015). No presente projeto, o laranja de acridina foi utilizado para remover os plasmídeos das bactérias em causa. Para confirmar a perda de plasmídeos durante a experiência de cura, os plasmídeos de *Pseudomonas aeruginosa* curada e não curada foram extraídos e perfilados no gel para detetar a presença dos plasmídeos, a figura (3-9) mostra a presença de duas bandas localizadas entre 3Kbp e 4Kbp na pista 2, que representavam dois plasmídeos relacionados com a bactéria selvagem não curada, enquanto na pista 2 não havia bandas e isso reflecte a perda bem sucedida de plasmídeos durante o processo de cura.

Como se pode ver na figura (3-10), foram detectados muitos picos de compostos alifáticos (NC8-NC32), que aparecem no GC blot, porque esta parte da experiência foi incubada sem qualquer inoculação bacteriana, o que indica que não há atividade de biodegradação, pelo que esta parte foi considerada como controlo.87%, como se mostra na figura (3-11), quando as bactérias selvagens (bactérias não curadas com plasmídeo) foram incubadas com 0,5% de petróleo bruto, o que reflecte a capacidade de biodegradação da *Pseudomonas aeruginosa* e está de acordo com o estudo de (Li *et al*, 2020), que sugeriu que a capacidade desta espécie bacteriana para utilizar n-alcanos com comprimentos de cadeia de 8 a 40 átomos de carbono como única fonte de carbono com uma eficiência de degradação que varia até cerca de 85%, por outro lado, a figura (3-12) mostra a percentagem de biodegradação da *Pseudomonas aeruginosa* curada com plasmídeo após incubação com petróleo bruto, a percentagem foi de 81,63% e esta também é uma eficiência de degradação elevada.

Os dados das experiências demonstram que a perda de plasmídeos teve um efeito negativo muito ligeiro e insignificante na capacidade de utilização de n-alcanos que pode ser devido às condições experimentais, e que esclarece que os genes *alkB* nesta espécie bacteriana localizados no ADN cromossómico, este resultado concorda com o estudo de (Isiodu *et al.,* 2016) que sugeriu que não há mudança significativa detectada na percentagem de degradação de hidrocarbonetos no final do período de incubação entre as bactérias curadas com plasmídeo e não curadas, bem como o estudo de (Akpe *et al.,* 2013) foi comprovado que a cura do plasmídeo leva a uma pequena redução no potencial de degradação.

3.7. Utilização das enzimas de restrição *EcoRI* e *HindIII* para o processo de digestão.

As duas enzimas, anteriormente referidas, foram selecionadas por várias razões;

J Os sítios de restrição destas enzimas estão localizados nos sítios de multiclonagem do plasmídeo.

J A ausência dos seus sítios de restrição no gene *alkB* alvo.

J Cortar as duas vertentes num sítio palindrómico específico (6 pb).

-Pertencem ao RE de tipo II, de modo que reconhecem sequências específicas de ADN e clivam em posições constantes para produzir 5'fosfato e 3'hidroxila(Pingoud, 2012).

Após a clonagem, o sítio de restrição *EcoRII* foi localizado a montante do lado do códão de arranque do gene *alkB* e juntamente com o operador lac do plasmídeo recombinante, enquanto o sítio de restrição *liind* foi localizado a jusante do lado do códão de paragem e juntamente com as sequências do terminador T7.

A linha 1 da figura (3-14) mostra apenas uma banda como resultado do plasmídeo pET-21a(+) nativo digerido com as enzimas de restrição *Eco RI/HindIII*, enquanto a região de corte de 19 pb, localizada entre estes dois sítios de restrição, não apareceu no gel de agarose devido ao seu baixo peso molecular.

Para parar a ação de restrição, o passo de inativação térmica da *EcoR* I foi de 65°C durante 20 minutos, enquanto a temperatura de inativação *da HindIII* foi de 80°C durante 20 minutos. Durante o processo de dupla digestão com ambas as enzimas de restrição, o grau mais elevado, 80°C, foi adaptado para assegurar o processo de inativação de ambas as enzimas.

3.8. Processo de ligação

As DNA ligases têm sido utilizadas principalmente para criar novas combinações, ligando as moléculas de ácido nucleico a vectores antes da clonagem molecular. A T4 DNA ligase é uma enzima utilizada para catalisar a formação de ligações fosfodiéster no ADN de cadeia dupla entre os terminais 5' fosfato e 3' hidroxilo, que estão justapostos (Green e Sambrook, 2019).

O fragmento amplificado e restrito do gene *alkB* é de cerca de 1212 pb, que foi inserido diretamente no vetor de expressão restrita pET-21a(+) (5424 pb) para produzir um plasmídeo recombinante pET-21a(+) com um tamanho final de 6636 pb, o que indica a ligação correta e a construção de um novo vetor recombinante, subsequentemente confirmada pela etapa de colónia da PCR. A ligação do segmento externo de ADN a um vetor plasmídico linear envolveu tipicamente a formação de novas ligações entre o resíduo de fosfato de ADN terminal 5' do ADN de cadeia dupla e as porções hidroxilo 3' adjacentes, e a formação de ligações fosfodiéster pode ser catalisada pela T4 DNA ligase (Green e Sambrook, 2019).

3.9. Processo de transformação

A Escherichia coli é um dos hospedeiros mais utilizados para a produção de proteínas recombinantes, e os seus genes estão muito mais bem descritos do que os de qualquer outro microrganismo (Zhang et al., 2018).

No presente estudo, utilizou-se *E. coli* BL21(DE3) como estirpe de engenharia genética competente, que foi transformada com o vetor de plasmídeo construtivo recombinante pET-21 a(+)-*alkB*, figura (3-15). O método de choque térmico é a técnica mais eficaz, tal como descrito em (Glick e Patten, 2017)

Após a realização do método de transformação por choque térmico, as bactérias que se suspeitava terem sido transformadas foram cultivadas em ágar LB suportado com (100 Lig/ml) ampicilina; o tempo de incubação foi de 24 horas. As colónias individuais em crescimento da figura (3-19) eram apenas bactérias *E.coli* que possuíam o plasmídeo que envolvia o gene da ampicilina, podendo estas colónias ser *E.coli* com o gene *alkB* (transformadas) ou sem o gene (resistência à ampicilina mas não transformadas). O método de rastreio dos transformadores foi efectuado escolhendo aleatoriamente uma única colónia com a ponta da micropipeta e transferindo-a para o tubo de PCR para realizar a PCR da colónia, enquanto as restantes colónias na ponta foram cultivadas separadamente em caldo LB suportado com ampicilina. Se a colónia cultivada crescer no meio LB, isso significa que é resistente à ampicilina, pelo que será realizada a técnica de PCR de colónia para confirmar que a colónia recombinante contém o gene-alvo.

O estudo de (Mohammadzadeh *et al.*, 2019) foi realizado PCR de colônia para confirmar o processo de transformação; essa técnica foi realizada no projeto atual para verificar a presença de vetor e inserção, garantindo uma transformação bem-sucedida com a orientação correta. Foram utilizados primers de PCR (promotor T7 e terminador T7) para amplificar o inserto com sequências a montante e a jusante dos vetores pET, a figura (3-21) mostra o resultado concebido como uma simulação dos resultados da PCR de colónia recebidos da sequenciação, o tamanho da banda da figura (3-20) foi de cerca de 1452 pb, o que reflete o comprimento do gene com pares de bases estendidos do plasmídeo do local do promotor T7 para o local do terminador T7, as sequências His.tag também aparecem no lado a jusante.

3.10. Restrição do plasmídeo recombinante

A linha 2 da figura (3-23) mostra duas bandas: a inferior, de 1212 pb, corresponde ao tamanho restrito do gene *alkB* e a superior, de 5424 pb, ao tamanho restrito do pET-21a(+). Este resultado deve-se à ação de restrição de *Eco RI/HindI* II, uma vez que estas duas enzimas restringiram o ADN circular do plasmídeo recombinante, transformando-o em duas cadeias duplas lineares de ADN com extremidades coesas, Enquanto a linha 1 da figura supracitada mostra cerca de três bandas como resultado da eletroforese em gel do plasmídeo pET-21a(+) nativo não cortado, estas bandas estão relacionadas com o super-coilado, o relaxado e o cortado, respetivamente, estas bandas diferentes apareceram devido à conformação múltipla do plasmídeo, o que está de acordo com (Magdeldin, 2012), que descreveu claramente que o gel de agarose é uma malha ou peneira através da qual as moléculas têm de passar e as diferentes formas do plasmídeo têm a mesma massa molecular. Os plasmídeos não cortados parecem geralmente migrar mais rapidamente do que o mesmo plasmídeo linearizado, além disso, pelo menos duas topologias de ADN correspondentes a formas superenroladas e círculos cortados podem ser utilizadas na maioria das preparações de plasmídeos não cobertos (Magdeldin, 2012).

3.11. Deteção da proteína expressa

Existem muitos métodos utilizados para detetar a expressão de proteínas após procedimentos de clonagem. No presente estudo, foram efectuadas duas técnicas para revelar a proteína expressa.

O primeiro método de Bradford era uma técnica de teste para medir o nível de proteína total das amostras, que se baseava na ligação das moléculas de proteína ao corante Coomassie em condições ácidas para mudar a cor de castanho para azul. O segundo método é uma técnica muito útil para a separação e resolução de combinações complexas de proteínas com a eletroforese em gel de dodecil sulfato de sódio-poliacrilamida (SDS-PAGE). O dodecil sulfato de sódio (SDS) é um detergente aniónico de alta interação que destrói a sua estrutura terciária e transfere a proteína dobrada para moléculas lineares, além de fornecer uma carga negativa constante para as proteínas (Kumar, 2018).

O teste de Bradford é muito rápido, em aproximadamente dois minutos, com estabilidade de cor clara e boa por aproximadamente 1 hora, de acordo com o processo de ligação do corante, tornando o processo extremamente rápido, porém não exigindo tempo crítico para o teste. Observou-se que o coomassie Brilliant Blue G-250 está presente em duas cores diferentes, vermelho e azul. Quando o pigmento é ligado à proteína, a forma vermelha é transformada em ciano. O complexo corante proteico tem um elevado coeficiente de extinção e, por conseguinte, uma elevada sensibilidade na medição de proteínas (Bradford, 1976)

No presente estudo, a proteína bruta foi produzida em cada período da experiência (2h, 4h, 6h,) utilizando IPTG como indutor ou sem ele, como se mostra na figura (3-25), a proteína produzida sem indutor pode dever-se ao fenómeno de fuga de expressão, O princípio fundamental do operão lac é "fuga", o que significa que o controlo do operão transcricional não é 100% eficiente e que conduz a uma certa expressão de nível basal da T7 RNA polimerase (Nielsen *et al.*, 2007). A concentração de proteínas aumentou gradualmente com o tempo, mas as concentrações mais elevadas foram detectadas durante a indução, pelo que existem diferenças significativas na produção total de proteínas entre as bactérias induzidas *E.coli* BL21 pET-21a(+)(*alkB*) e as não induzidas, devido aos elevados níveis de proteína *alkB* produzidos em resultado da indução por IPTG, o que foi confirmado pela página SDS.

Por outro lado, o IPTG é uma substância estruturalmente semelhante à lactose, sendo também capaz de se ligar ao repressor lac e sofrer as mesmas alterações conformacionais que reduzem a afinidade entre o repressor lac e o ADN. Ao contrário da lactose, o IPTG não é degradável pela célula porque não faz parte de nenhuma via metabólica (Faust *et al.*, 2015). No entanto, ambas as substâncias foram utilizadas para estimular o início do processo de transcrição do gene, uma vez que ambas produziram resultados satisfatórios de expressão do gene alvo.

O tamanho da banda estava estreitamente relacionado com o valor calculado a partir da sequência de aminoácidos e concordava com (Xie *et al.*, 2011).

3.12. Degradação de alcanos pela célula recombinante clonada *alkB*

Para as bactérias, a degradação aeróbia dos n-alcanos começa normalmente com a hidroxilação de um grupo metilo terminal, que é convertido em álcool primário que é mais oxidado ao seu aldeído e finalmente convertido num ácido gordo (Moreno e Rojo, 2017).

No presente estudo, o N-hexadecano foi selecionado como um modelo de substrato de alcano para estudar a biodegradação de hidrocarbonetos alifáticos, o N-hexadecano foi considerado como um modelo para n-alcanos por muitos investigadores devido ao facto de ser maioritário na fração alifática dos hidrocarbonetos de petróleo, de estar presente em muitos locais contaminados com petróleo e de a sua biodegradabilidade estar bem caracterizada (Schoefs *et al*, 2004; Liu *et al.*, 2012), bem como (Beal e Betts, 2000) que utilizaram o N-hexadecano para estudar a utilização de alcanos por *Pseudomonas aeruginosa*,

O aparecimento de picos extra-mini ao lado do pico principal C16 nos resultados dos diagramas de Cromatografia Gasosa deveu-se à pureza do n-hexadecano, que era de 98%, enquanto o pico longo localizado no tempo de início da análise GC em todos os diagramas estava relacionado com o composto solvente (n-hexano).

O rácio de degradação do C16 do grupo A foi aproximadamente zero porque não foram inoculadas bactérias neste grupo da experiência, enquanto é óbvio que o rácio de biodegradação de todos os padrões do grupo C; (E1, E2, E3) foi mais elevado do que o consórcio bacteriano (grupo B), A cultura de *E.coli* BL21 pET-21a(+)(*alkB*) misturada com o consórcio bacteriano (que foi previamente melhorado com sucesso como bactéria degradadora de óleo) aumenta o rácio de degradação do n-hexadecano de 32,63% para 77,42% a 72 horas de incubação, de modo que a melhoria na percentagem de degradação foi de 44,79%, este resultado está relacionado com E1, e as taxas de degradação aumentaram à medida que a proporção de *E.coli* BL21 pET-21a(+)(*alkB*) aumentou.

Os resultados indicam que o clone *E.coli* BL21 pET-21a(+)(*alkB*) aumentou a taxa de degradação anterior do n-hexadecano pelo consórcio bacteriano e teve um efeito positivo na melhoria da taxa de biodegradação, o que está de acordo com (Luo *et al*, 2015), que descobriram que a expressão da hidroxilase de alcano (*alkB*) de *Pseudomonas putida* GPo1 em *E. coli* DH5 utilizando pCom8 como vetor de expressão poderia melhorar o papel da degradação do óleo diesel pelo consórcio bacteriano.

A Figura (1-2) mostra a oxidação de n-alcanos por hidroxilases de alcano da família *alkB*. Os resultados sugerem que *E.coli* BL21 pET-21a(+)(*alkB*) e o consórcio podem trabalhar juntos usando os metabólitos intermediários um do outro, e a expressão do gene *alkB*, que pode converter n-alcanos em 1-alcanos por oxidação, aceleraria a taxa de biodegradação de alcanos. O fenómeno de complementação metabólica foi investigado por (Mori *et al.*, 2016), sugerindo que as comunidades bacterianas podem mostrar uma complementação metabólica que é parcialmente suportada na mesma via de biossíntese por vários membros da associação. Desta forma, o produto final da via é sintetizado em toda a comunidade e geralmente não há transportadores associados com os metabólitos intermediários na via de biossíntese, o que sugere que a difusão é o mecanismo mais provável para trocas com o ambiente próximo.

Além disso (Germerodt *et al.*, 2016) presumiu que uma troca obrigatória e recíproca de metabolitos é uma ocorrência comum entre as células bacterianas e que poderia estabilizar vários genótipos da comunidade microbiana e o metabolismo ajudará a manter a diversidade bacteriana.

Como mencionado anteriormente, o primeiro passo na degradação de alcanos é a oxidação de n-alcanos em 1-alcanos e os resultados do estudo referem que talvez este passo seja o passo que limita a velocidade e a função da hidroxilase de alcanos é muito importante neste passo do processo metabólico.

Referências

Abatenh, E.;Gizaw, B.;Tsegaye, Z. e Wassie, M. (2017). O papel dos microorganismos na biorremediação - uma revisão. OJEB, 2: 038-046.

Abdalla, R. A. O. (2013). Clonagem de Genes Associados ao Stress Abiótico e Transformação Mediada por Agrobacterium Tumefaciens de Milho Tropical Selecionado. Tese de doutoramento, Universidade Kenyatta. pp:53-54.

Akpe, A. R.;Ekundayo, A. O. e Esumeh, F. I. (2013). Degradação de petróleo bruto por bactérias: Um papel para os genes transmitidos por plasmídeos. Glob J Sci Front Res, 13(6): 20-26.

Alhazmi, A. (2015). *Pseudomonas aeruginosa-patogénese* e mecanismos patogénicos. Int. J. Biol, 7(2): 44.

Alonso, A.;Rojo, F. e Martmez, J. L. (1999). Isolados ambientais e clínicos de *Pseudomonas aeruginosa* apresentam propriedades patogénicas e biodegradativas independentemente da sua origem. Environ. Microbiol., 1(5): 421-430.

Andria, V. (2008). Análise molecular de bactérias degradadoras de hidrocarbonetos e genes de Alkane Hydroxylase (alk) em associação com espécies de plantas altamente tolerantes para fitorremediação da contaminação do solo por óleo de petróleo. Tese de doutoramento, N.A., pp:1-2.

Atlas, R. M.; Aislabie, J. e Bej, A. K. (2009). Polar microbiology: the ecology, biodiversity and bioremediation potential of microorganisms in extremely cold environments, CRC Press.

Aune, T. E. V. (2008). Produção de proteínas recombinantes de alto nível em Escherichia coli através da engenharia de vectores plasmídicos de largo espetro que contêm a cassete de expressão Pm/xylS. Tese de doutoramento, Universidade Norueguesa de Ciência e Tecnologia, Faculdade de Ciências Naturais e Tecnologia, pp:1-2.

Azizan, N. H.;Rami, S. Z. M.;Saedudin, R. R. e Kasim, S. (2018). Estudo filogenético de micróbios presuntivos degradadores de óleo isolados da ponta noroeste de Pahang. Int. J. Integr. Eng., 10(6): 128-132.

Barrow, G. e Feltham, R. K. A. (2004). Cowan and Steel's manual for the identification of medical bacteria, Cambridge Univ Pr.

Beal, R. e Betts, W. (2000). Papel dos biossurfactantes ramnolipídicos na absorção e mineralização do hexadecano em Pseudomonas aeruginosa. J Appl Microbiol, 89(1): 158-168.

Bento, F. M.;Camargo, F. A. O.;Okeke, B. C. e Frankenberger, W. T. (2005). Biorremediação comparativa de solos contaminados com óleo diesel por atenuação natural, bioestimulação e bioaumentação. Bioresour. Technol., 96(9): 10491055.

Boada, J. (2009). Desenvolvimento de um processo de produção de aldolase recombinante em *Escherichia coli*, Universitat Autonoma de Barcelona.

Borah, D. e Yadav, R. (2014). Biodegradação de gasóleo, petróleo bruto, querosene e óleo de motor usado por uma estirpe de Bacillus cereus DRDU1 recentemente isolada de um motor de automóvel em cultura líquida. AJSE, 39(7): 5337-5345.

Bradford, M. M. (1976). Um método rápido e sensível para a quantificação de quantidades de microgramas de proteína utilizando o princípio da ligação proteína-corante. Anal. Biochem., 72(1-2): 248-254.

Briggs, I. L. e Briggs, B. C. (2018). Actividades da indústria petrolífera e saúde humana. A Ecologia Política das Actividades de Petróleo e Gás no Ecossistema Aquático Nigeriano, Elsevier: 143-147.

Brown, A. (2008). Sequenciação, sub-clonagem, expressão e purificação de 2-hidroxicromeno-2-carboxilato isomerase de Sphingomonas paucimobilis EPA505 Tese de doutoramento, Graduate School of Clemson University pp:26.

Brown, A. e Smith, H. (2014). Aplicações Microbiológicas de Benson, Manual de Laboratório em Microbiologia Geral, Versão Curta, McGraw-Hill Education.

Brown, B. (2005). Principal promotor do Bio Business. Unc- Chapel Hill, DESTINY.

Bustin, S. A.;Mueller, R. e Nolan, T. (2020). Parâmetros para o design bem-sucedido do primer de PCR. PCR Quantitativo em Tempo Real, Springer: 5-22.

Chen, I. e Dubnau, D. (2004). Captação de ADN durante a transformação bacteriana. Nat. Rev. Microbiol., 2(3): 241.

Das, N. e Chandran, P. (2011). Degradação microbiana de contaminantes de hidrocarbonetos de petróleo: uma visão geral. Biotechnol. Res. Int., 2011.

Faust, G.; Stand, A. e Weuster-Botz, D. (2015). O IPTG pode substituir a lactose em meios de autoindução para aumentar a expressão de proteínas em Escherichia coli cultivada em lote. ENG LIFE SCI, 15(8): 824-829.

Frick, C.; Germida, J. e Farrell, R. (1999). Assessment of phytoremediation as an in-situ technique for cleaning oil-contaminated sites, Environment Canada; 1998.

Froger, A. e Hall, J. E. (2007). Transformação de ADN plasmídico em E. coli utilizando o método de choque térmico. JoVE (Journal of Visualized Experiments)(6): 253.

Funhoff, E. G.;Bauer, U.;Gartfa-Rubio, I.;Witholt, B. e van Beilen, J. B. (2006). CYP153A6, uma oxigenase P450 solúvel que catalisa a hidroxilação de alcanos terminais. J BACTERIOL, 188(14): 5220-5227.

Germerodt, S.;Bohl, K.;Luck, A.;Pande, S.;Schroter, A.;Kaleta, C.;Schuster, S. e Kost, C. (2016). Seleção pervasiva para alimentação cruzada cooperativa em comunidades bacterianas. PLoS Comput. Biol., 12(6): e1004986.

Ghosh, R.;Gilda, J. E. e Gomes, A. V. (2014). A necessidade e as estratégias para melhorar a confiança na precisão dos western blots. Revisão especializada de proteómica, 11(5): 549-560.

Ghosh, S.;Rasheedi, S.;Rahim, S. S.;Banerjee, S.;Choudhary, R. K.;Chakhaiyar, P.;Ehtesham, N. Z.;Mukhopadhyay, S. e Hasnain, S. E. (2004). Método para aumentar a solubilidade das proteínas recombinantes expressas em Escherichia coli. Biotechniques, 37(3): 418-423.

Glick, B. R.; Pasternak, J. J. e Patten, C. L. (2010). Biotecnologia molecular: princípios e aplicações do ADN recombinante, Washington, DC: ASM Press.

Glick, B. R. e Patten, C. L. (2017). Biotecnologia molecular: princípios e aplicações do DNA recombinante, John Wiley & Sons.

Green, M. R. e Sambrook, J. (2019). Anexando Adaptadores / Ligadores Fosforilados a DNAs com extremidades cegas. Protocolos de Cold Spring Harbor, 2019(8): pdb. prot101261.

Grund, A.;Shapiro, J.;Fennewald, M.;Bacha, P.;Leahy, J.;Markbreiter, K.;Nieder, M. e Toepfer, M. (1975). Regulação da oxidação de alcanos em Pseudomonas putida. J BACTERIOL, 123(2): 546-556.

Habib, S.;Johari, W. L. W.;Shukor, M. Y. e Yasid, N. A. (2017). Triagem de isolados bacterianos degradadores de hidrocarbonetos usando a aplicação redox de 2, 6-DCPIP. Bioremediation Sci Technol Res., 5(2): 13-16.

Hakima, A. e Ian, S. (2017). Isolamento de Bactérias Transformadoras de Hidrocarbonetos Indígenas de Solos Contaminados com Petróleo na Líbia: Seleção para utilização como Potencial Inóculo para Bioremediação do Solo. Revista Internacional de Biorremediação Ambiental e Biodegradação, 5(1): 8-17.

Hanafy, A. A.-E. M. E.;Anwar, Y.;Mohamed, S. A.;Al-Garni, S. M. S.;Sabir, J. S. M.;AbuZinadah, O. A.;Mehdar, H. A.;Alfaidi, A. W. e Ahmed, M. M. M. (2016). Isolamento e identificação de consórcios bacterianos responsáveis pela degradação de derrames de petróleo da zona costeira de Yanbu, Arábia Saudita. Biotechnol. Biotechnol. Equip., 30(1): 69-74.

Hassanshahian, M.;Emtiazi, G.;Kermanshahi, R. K. e Cappello, S. (2010). Comparação das comunidades microbianas que degradam o petróleo em sedimentos do Golfo Pérsico e do Mar Cáspio. Soil Sediment Contam, 19(3): 277-291.

Hay, A. G. e Focht, D. D. (1998). Cometabolismo de 1, 1-dicloro-2, 2-bis (4-clorofenil) etileno por Pseudomonas acidovorans M3GY cultivada em bifenil. Appl. Environ. Microbiol, 64(6): 2141-2146.

http://dna.macrogen.com.

http ://www. ncbi. nlm.nih.

https://www.geneious.com.

Ian, W. e Lorne, T. (2008). Norma canadiana para hidrocarbonetos de petróleo (HCP) no solo - Guia do utilizador.

Isiodu, G.; Stanley, H.; Ezebuiro, V. e Okerentugba, P. (2016). Papel dos genes transmitidos por plasmídeos na biodegradação de hidrocarbonetos aromáticos policíclicos (PAHs) por consórcio de bactérias heterotróficas aeróbicas. J. Pet. Environ. Biotechnol, 7(1).

Jeong, H.;Kim, H. J. e Lee, S. J. (2015). Sequência completa do genoma da estirpe BL21 *de Escherichia coli*. Genome Announc, 3(2): e00134-00115.

Khan, F. A. (2020). Biotechnology Fundamentals Third Edition, CRC Press.

Khani, M.-h.;Bagheri, M.;Dehghanian, A.;Zahmatkesh, A.;Bidhendi, S. M.;Najafabadi, Z. S. e Banihashemi, R. (2019). Efeito da modificação do termo C em Salmonella typhimurium FliC na eficácia e bioatividade da purificação de proteínas. Mol. Biotechnol., 61(1): 12-19.

Kohno, T.;Sugimoto, Y.;Sei, K. e Mori, K. (2002). Conceção de primers de PCR e sondas genéticas para a deteção geral de bactérias que degradam o alcano. Microbs Environ., 17: 114-121.

Kuhn, E.;Bellicanta, G. S. e Pellizari, V. H. (2009). Novos genes alk detectados em sedimentos marinhos da Antártida. Environ. Microbiol., 11(3): 669-673.

Kumar, A.;Bisht, B.;Joshi, V. e Dhewa, T. (2011). Revisão sobre biorremediação de ambiente poluído:: Uma ferramenta de gestão. Int. J. Environ. Sci., 1(6): 1079.

Kumar, G. (2018). Princípio e Método de Coloração de Prata de Proteínas Separadas por Eletroforese em Gel de Dodecil Sulfato de Sódio-Poliacrilamida. Deteção e Imagem de Proteínas em Gel, Springer: 231-236.

Kumar, R.; Sharma, A. K. e Ahluwalia, S. S. (2017). Avanços em Biotecnologia Ambiental, Springer.

Lang, S. e Wagner, F. (2017). Estrutura e propriedades dos biossurfactantes. Biosurfactants and biotechnology, Routledge: 21-45.

Leahy, J. G. e Colwell, R. R. (1990). Microbial degradation of hydrocarbons in the environment (Degradação microbiana de hidrocarbonetos no ambiente). MICROBIOL MOL BIOL R, 54(3): 305-315.

Lee, K.;Boufadel, M.;Chen, B.;Foght, J.;Hodson, P.;Swanson, S. e Venosa, A. (2015). O comportamento e os impactos ambientais do petróleo bruto libertado em ambientes aquosos. Ottawa: The Royal Society of Canada.

Lee, S. G.;Yoon, B. D.;Park, Y. H. e Oh, H. M. (1998). Isolamento de uma nova bactéria degradadora de pentaclorofenol, Pseudomonas sp. Bu34. J Appl Microbiol, 85(1): 1-8.

Letchumanan, V.;Chan, K.-G. e Lee, L.-H. (2015). Uma visão da cura tradicional de plasmídeos em espécies de Vibrio. FRONT MICROBIOL, 6: 735.

Li, Y.; Pan, J. e Ma, Y. (2020). Elucidação de múltiplos sistemas de hidroxilase de alcano na biodegradação da poluição de n-alcano de petróleo bruto por Pseudomonas aeruginosa DN1. J Appl Microbiol, 128(1): 151-160.

Liu, T.;Wang, F.;Guo, L.;Li, X.;Yang, X. e Lin, A. J. (2012). Biodegradação de n-hexadecano por estirpes bacterianas B1 e B2 isoladas de solo contaminado com petróleo. Sci. China Chem., 55(9): 1968-1975.

Lodge, J.; Lund, P. A. e Minchin, S. (2007). Gene cloning : principles and applications (Clonagem de genes: princípios e aplicações). Nova Iorque; Abingdon [Inglaterra], Taylor & Francis Group.

Lorenz, M. (1992). Transferência de genes por transformação em ambientes de solo/sedimento. Gene Transfers and Environment, Springer: 95-101.

Luo, Q.;He, Y.;Hou, D.-Y.;Zhang, J.-G. e Shen, X.-R. (2015). Expressão do gene GPo1 alkB para melhoria da degradação do óleo diesel por um consórcio bacteriano. Braz. J. Microbiol., 46(3): 649-657.

MacFaddin, J. (2000). Biochemical tests for identification of medical bacteria 3rd edition lippincott Williams and Williams, USA.

Magdeldin, S. (2012). Eletroforese em gel: Princípios e noções básicas, BoD-Books on Demand.

Mahmood, T. e Yang, P.-C. (2012). Western blot: técnica, teoria e resolução de problemas. N. Am. J. Med. Sci., 4(9): 429.

Maia, M. R.;Marques, S.;Cabrita, A. R.;Wallace, R. J.;Thompson, G.;Fonseca, A. J. e Oliveira, H. M. (2016). Monitorização turbidimétrica simples e versátil do crescimento bacteriano em culturas líquidas utilizando um suporte de tubo de cultura impresso em 3D personalizado e um espetrofotómetro miniaturizado: aplicação a bactérias facultativas e estritamente anaeróbias. FRONT MICROBIOL, 7: 1381.

Manns, J. M. (2011). Eletroforese de proteínas em gel de poliacrilamida (SDS-PAGE). Protocolos actuais em microbiologia, 22(1): A.3M.1-A.3M.13.

Marzuki, I.;Chaerul, M. e Paserangi, I. (2020). Biodegradação de componentes de resíduos alifáticos de borra de óleo usada micro simbionte de Sponge Niphates sp. IOP Conference Series: Ciências da Terra e do Ambiente, IOP Publishing.

Mcclure, N. C.; Weightman, A. J. e Fry, J. C. (1989). Sobrevivência de Pseudomonas putida UWC1 contendo genes catabólicos clonados num modelo de unidade de lamas activadas. Appl. Environ. Microbiol, 55(10): 2627-2634.

Mehrabi, M.;Mansouri, K.;Soleymani, B.;Hoseinkhani, Z.;Shahlaie, M. e Khodarahmi, R. (2017). Desenvolvimento de um derivado do fator de crescimento epidérmico humano com bloqueio de EGFR e atividades biológicas empobrecidas: Um estudo comparativo in vitro utilizando células de cancro da mama EGFR-positivas. Revista internacional de macromoléculas biológicas, 103: 275-285.

Merten, O.-W.;Mattanovich, D.;Lang, C.;Larsson, G.;Neubauer, P.;Porro, D.;Postma, P.;de Mattos, J. T. e Cole, J. (2013). Produção de Proteínas Recombinantes com Células Procarióticas e Eucarióticas. Uma visão comparativa sobre a fisiologia do hospedeiro: Selected articles from the Meeting of the EFB Section on Microbial Physiology, Semmering, Austria, 5th-8th October 2000, Springer Science & Business Media.

Miyoshi, T.;Iwatsuki, T. e Naganuma, T. (2005). Caracterização filogenética de clones do gene 16S rRNA de microrganismos de águas subterrâneas profundas que passam através de filtros com poros de 0,2 micrómetros. Microbiologia aplicada e ambiental, 71(2): 1084-1088.

Mohammadzadeh, S.;Yeganeh, S.;Moradian, F.;Falahatkar, B. e Milla, S. (2019). Estudo da transformação e expressão genética do peixe recombinante GnRH em E. coli BL21, a fim de produzir hormona recombinante. Irão. J. Fish. Sci., 28(3): 137-147.

Mohanty, G. e Mukherji, S. (2008). Taxa de biodegradação de n-alcanos da gama do gasóleo por culturas bacterianas Exiguobacterium aurantiacum e Burkholderia cepacia. INT BIODETER BIODEGR, 61(3): 240-250.

Moreno, R. e Rojo, F. (2017). Enzimas para degradação aeróbica de alcanos em bactérias. Utilização Aeróbica de Hidrocarbonetos, Óleos e Lípidos: 1-25.

Moreno, R. e Rojo, F. (2017). Enzimas para degradação aeróbica de alcanos em bactérias. Utilização aeróbica de hidrocarbonetos, óleos e lípidos. F. Rojo. Cham, Springer International Publishing: 1-25.

Mori, M.;Ponce-de-Leon, M.;Pereto, J. e Montero, F. (2016). Complementação metabólica em comunidades bacterianas: condições necessárias e otimalidade. FRONT MICROBIOL, 7: 1553.

Mustafa, J. Y. (2011). Sequenciamento e expressão do gene da lisostafina de staphyloococcus simulans isolado de mastite bovina e seu efeito bacteriocida em Staphylococcus aureus. Doutoramento, Universidade de Basrah. pp:64-65.

Centro Nacional de Informação Biotecnológica (2020).

Nielsen, B. L.;Willis, V. C. e Lin, C. Y. (2007). Análise de Western blot para ilustrar os níveis de controlo relativos dos promotores lac e ara em Escherichia coli. BIOCHEM MOL BIOL EDU, 35(2): 133-137.

Novagen (2001). Expressão de proteínas: Expressão procariótica: Visão geral do sistema pET. Catálogo Novagen: 68-72.

Nowakowski, A. B.;Wobig, W. J. e Petering, D. H. (2014). SDS- PAGE nativo: separação electroforética de alta resolução de proteínas com retenção de propriedades nativas, incluindo iões metálicos ligados. Metallomics, 6(5): 1068-1078.

Olukunle, O. e Boboye, B. (2012). Análise filogenética de bactérias degradadoras de petróleo associadas a locais poluídos no estado do rio Nigéria. Arch. Appl. Sci. Res., 4(4): 1600-1608.

Pace, N. R. (1997). A molecular view of microbial diversity and the biosphere (Uma visão molecular da diversidade microbiana e da biosfera). Science, 276(5313): 734-740.

Pandey, P.;Pathak, H. e Dave, S. (2016). Ecologia microbiana da degradação de hidrocarbonetos no solo: uma revisão. Res. J. Environ. Toxicol., 10(1): 1-15.

Perez-de-Mora, A.;Engel, M. e Schloter, M. (2011). Abundância e diversidade de bactérias degradadoras de n-alcanos num solo florestal co-contaminado com hidrocarbonetos e metais: um estudo molecular sobre genes homólogos a alkB. Microb. Ecol., 62(4): 959-972.

Pingoud, A. (2012). Restriction Endonucleases, Springer Berlin Heidelberg.

Rahman, K. S. M.;Thahira-Rahman, J.;Lakshmanaperumalsamy, P. e Banat, I. M. (2002). Para uma degradação eficiente do petróleo bruto por um consórcio bacteriano misto. Bioresour. Technol., 85(3): 257-261.

Rao, V. U. e Jyothi, N. (2009). Produção de protease e urease durante a utilização de gasóleo por espécies de Pseudomonas fluorescentes isoladas do solo local. Iran J Microbiol, 1(3): 23-30.

Rojo, F. (2009). Degradação de alcanos por bactérias. Environ. Microbiol., 11(10): 2477-2490.

Russel, P. J. (2009). iGenetics: A Molecular Approach. São Francisco, Califórnia, Estados Unidos da América, Pearson Education.

Sakthipriya, N.;Doble, M. e Sangwai, J. S. (2016). Eficácia de Bacillus subtilis para a biodegradação e redução da viscosidade do petróleo bruto ceroso para recuperação aprimorada de petróleo de reservatórios maduros. Fontes de Energia, Parte A: Recuperação, Utilização e Efeitos Ambientais, 38(16): 2327-2335.

Sambrook, J. e Russell, D. W. (2001). Molecular Cloning-Sambrook and Russel-Vol. 1, 2, 3. Cold Springs Harb. Lab. Press 3th Editio.

Sanseverino, J.;Fleming, J. T.;Heitzer, A.;Applegate, B. M. e Sayler, G. S. (2018). Aplicações da Biotecnologia Ambiental à Biorremediação. Remediação de solos contaminados com resíduos perigosos, Routledge: 115-142.

Sayler, G. S.;Hooper, S. W.;Layton, A. C. e King, J. H. (1990). Plasmídeos catabólicos de importância ambiental e ecológica. Microb. Ecol., 19(1): 1-20.

Schoefs, O.; Perrier, M. e Samson, R. (2004). Estimativa da depleção de contaminantes em solos não saturados usando um modelo de biodegradação de ordem reduzida e medição de dióxido de carbono. Appl Biochem Biotechnol, 64(1): 53-61.

Scragg, A. H. (2005). Environmental biotechnology, OXFORD university press New York.

Shanklin, J.; Whittle, E. e Fox, B. G. (1994). Oito resíduos de histidina são cataliticamente essenciais numa enzima de ferro associada à membrana, a estearoil-CoA dessaturase, e são conservados na alcano hidroxilase e na xileno monooxigenase. Biochemistry, 33(43): 12787-12794.

Singh, P.;Parmar, D. e Pandya, A. (2015). Otimização paramétrica de meios para bactérias de degradação de petróleo bruto isoladas de locais contaminados com petróleo bruto. Int J Curr Microbiol App Sci, 4(2): 322-328.

Singh, P. S. a. M. K. (2012). Identificação e clonagem de genes de degradação de óleo de Pseudomonas aeruginosa em E.coli. J. Pharm. Res., 5(5): 2778-2782.

Smith, C. A. e Hyman, M. R. (2004). Oxidação do éter metil-terc-butílico pela alcano hidroxilase em Pseudomonas putida GPo1 induzida por diciclopropilcetona e cultivada com n-octano. Appl. Environ. Microbiol, 70(8): 4544-4550.

Smits, T. H.;Balada, S. B.;Witholt, B. e van Beilen, J. B. (2002). Análise funcional de alkane hydroxylases de bactérias gram-negativas e gram-positivas. J BACTERIOL, 184(6): 1733-1742.

Smits, T. H.;Rothlisberger, M.;Witholt, B. e Van Beilen, J. B. (1999). Rastreio molecular de genes de alcano hidroxilase em estirpes Gram-negativas e Gram-positivas. Environ. Microbiol., 1(4): 307-317.

Smits, T. H.; Witholt, B. e van Beilen, J. B. (2003). Caracterização funcional de genes envolvidos na oxidação de alcanos por *Pseudomonas aeruginosa*. ANTON LEEUW INT J G, 84(3): 193-200.

Soccol, C. R.;Pandey, A. e Larroche, C. (2013). Engenharia de processos de fermentação na indústria alimentar, CRC Press.

Solomon, P. E.;Berg, L. R. e Martin, D. W. (2005). Biology. Belmont, CA, USA:Thomson, 7ª Edição: 1231 páginas.

Stamenov, D. R.;Duric, S. S. e Hajnal Jafari, T. I. (2015). Potencial de biorremediação de cinco estirpes de Pseudomonas sp. Matica Srpska J. Nat. Sci.(128).

Stoscheck, C. (1990). Quantitation ofProtein Methods in Enzymology, Pierce. 182: 50-69. .

Stover, C.;Pham, X.;Erwin, A.;Mizoguchi, S.;Warrener, P.;Hickey, M.;

Brinkman, F.;Hufnagle, W.;Kowalik, D. e Lagrou, M. (2000). Sequência completa do genoma de Pseudomonas aeruginosa PAO1, um agente patogénico oportunista. nature, 406(6799): 959.

Studier, F. W. (1991). Utilização da lisozima do bacteriófago T7 para melhorar um sistema de expressão T7 induzível. J. Mol. Biol., 219(1): 37-44.

Studier, F. W. e Moffatt, B. A. (1986). Utilização de bacteriófago T7 RNA polimerase para dirigir a expressão selectiva de alto nível de genes clonados. J. Mol. Biol., 189(1): 113-130.

Sugawara, S.;Ito, T.;Sato, S.;Yokoo, M.;Mori, Y.;Kasuga, K.;Kojima, I.;Fukuda, T.;Yamanaka, K. i. e Sakatani, M. (2013). Produção do fator de crescimento de fibroblastos bovinos bioativos 4 em E. coli com base na sequência comum de nucleotídeos de seu gene estrutural em três raças. Anim. Sci. J, 84(3): 275-280.

Thomas, F.;Lorgeoux, C.;Faure, P.;Billet, D. e Cebron, A. (2016). Isolamento e triagem de substrato de bactérias degradadoras de hidrocarbonetos aromáticos policíclicos de solo com longo histórico de contaminação. INT BIODETER BIODEGR, 107: 1-9.

Toledo, F.;Calvo, C.;Rodelas, B. e Gonzalez-Lopez, J. (2006). Seleção e identificação de bactérias isoladas de óleos crus usados com capacidade de remoção de hidrocarbonetos aromáticos policíclicos.

Van Beilen, J.;Li, Z.;Duetz, W.;Smits, T. e Witholt, B. (2003). Diversidade de sistemas de hidroxilase de alcano no ambiente. OIL GAS SCI TECHNOL., 58(4): 427-440.

Van Beilen, J. B.;Duetz, W. A.;Schmid, A. e Witholt, B. (2003). Questões práticas na aplicação de oxigenases. Trends Biochem. Sci., 21(4): 170-177.

van Beilen, J. B.;Eggink, G.;Enequist, H.;Bos, R. e Witholt, B. (1992). Determinação da sequência de ADN e caraterização funcional dos genes alkJKL codificados pelo plasmídeo OCT de Pseudomonas oleovorans. Microbiologia molecular, 6(21): 31213136.

Van Beilen, J. B. e Funhoff, E. G. (2005). Expansão da caixa de ferramentas da alcano-oxigenase: novas enzimas e aplicações. CURR OPIN BIOTECH, 16(3): 308-314.

Van Beilen, J. B. e Funhoff, E. G. (2007). Alkane hydroxylases involved in microbial alkane degradation. Appl Biochem Biotechnol, 74(1): 13-21.

Van Beilen, J. B.;Panke, S.;Lucchini, S.;Franchini, A. G.;Rothlisberger, M. e Witholt, B. (2001). Análise de clusters de genes de degradação de alcano de Pseudomonas putida e sequências de inserção flanqueadoras: evolução e regulação dos genes alk. Microbiology, 147(6): 1621-1630.

Van Beilen, J. B.;Smits, T. H.;Roos, F. F.;Brunner, T.;Balada, S.

B.;Rothlisberger, M. e Witholt, B. (2005). Identificação de uma posição de aminoácido que determina a gama de substratos de alcano hidroxilases de membrana integral. J BACTERIOL, 187(1): 85-91.

Van Beilen, J. B.;Wubbolts, M.;Chen, Q.;Nieboer, M. e Witholt, B. (1996). Efeitos de sistemas de duas fases líquidas e expressão de genes alk na fisiologia de estirpes oxidantes de alcano. Molecular biology of pseudomonads. ASM Press, Washington, DC: 35-47.

Van Beilen, J. B.; Wubbolts, M. G. e Witholt, B. (1994). Genética da oxidação de alcanos por Pseudomonas oleovorans. Biodegradação, 5(3-4): 161-174.

Van Elsas, J. D.; Turner, S. e Bailey, M. J. (2003). Horizontal gene transfer in the phytosphere. New phytologist, 157(3): 525-537.

Walsh, G. (2005). Biopharmaceuticals: recent approvals and likely diretions (Biofármacos: aprovações recentes e direcções prováveis). Trends Biochem. Sci., 23(11): 553-558.

Warren, J. W.;Walker, J. R.;Roth, J. R. e Altman, E. (2000). Construção e caraterização de um vetor de expressão altamente regulável, pLAC11, e dos seus derivados polivalentes, pLAC22 e pLAC33. Plasmid, 44(2): 138-151.

Watson, J. D.;Caudy, A. A.;Myers, R. M. e Witkowski, J. A. (2007). ADN recombinante: genes e genomas: um curso breve, Macmillan.

Webber, C. e Ponting, C. P. (2004). Genes e homologia. CURR BIOL, 14(9): R332-R333.

Wentzel, A.;Ellingsen, T. E.;Kotlar, H.-K.;Zotchev, S. B. e Throne-Holst, M. (2007). Metabolismo bacteriano de n-alcanos de cadeia longa. Appl Biochem Biotechnol, 76(6): 1209-1221.

Xie, M.;Alonso, H. e Roujeinikova, A. (2011). Um procedimento melhorado para a purificação da alcano hidroxilase cataliticamente ativa de Pseudomonas putida GPo1. Appl Biochem Biotechnol, 165(3-4): 823-831.

Xue, J.; Yu, Y.;Bai, Y.;Wang, L. e Wu, Y. (2015). Microrganismos degradadores de óleo marinho e processo de biodegradação de hidrocarbonetos de petróleo em ambientes marinhos: uma revisão. Curr. Microbiol., 71(2): 220-228.

Yoon, M.; Jeon, H. e Kim, M. (2012). Biodegradação de polietileno por uma bactéria do solo e célula recombinante clonada AlkB. J Bioremed Biodegrad, 3(4): 1-8.

Zafra, G.;Regino, R.;Agualimpia, B. e Aguilar, F. (2016). Caracterização molecular e avaliação de bactérias nativas degradadoras de óleo isoladas de solos contaminados com óleo de estação de serviço automotivo. Chem. Eng. Trans., 49: 511-516.

Zhang, W.;Lu, J.;Zhang, S.;Liu, L.;Pang, X. e Lv, J. (2018). Desenvolvimento de um sistema eficaz para a expressão de proteínas recombinantes em *E. coli* através da comparação e otimização de peptídeos de sinal: expressão de *Pseudomonas fluorescens* BJ-10 lipase termoestável como estudo de caso. Fábricas de células microbianas, 17(1): 50.

Zylstra, G. e Gibson, D. (1991). Degradação de Hidrocarbonetos Aromáticos: A Molecular Approach.

I want morebooks!

Buy your books fast and straightforward online - at one of world's fastest growing online book stores! Environmentally sound due to Print-on-Demand technologies.

Buy your books online at
www.morebooks.shop

Compre os seus livros mais rápido e diretamente na internet, em uma das livrarias on-line com o maior crescimento no mundo! Produção que protege o meio ambiente através das tecnologias de impressão sob demanda.

Compre os seus livros on-line em
www.morebooks.shop

Printed by Books on Demand GmbH, Norderstedt / Germany